MATT MORGAN

LEBENSURSACHE: TOD

MATT MORGAN

LEBENS-URSACHE: TOD

WAS WIR VON MENSCHEN LERNEN KÖNNEN, DIE EINE ZWEITE CHANCE BEKOMMEN HABEN

Aus dem Englischen von Ursula Held

KÖSEL

Die Originalausgabe erschien 2025 unter dem Titel
A SECOND ACT. What Nearly Dying Teaches Us About Really Living
bei Simon & Schuster UK Ltd.

Diese Ausgabe wurde in Vereinbarung Johnson & Alcock Ltd.,
veröffentlicht.

Neumarkter Straße 28, 81673 München
produktsicherheit@penguinrandomhouse.de
(Vorstehende Angaben sind zugleich
Pflichtinformationen nach GPSR.)

Umschlaggestaltung: zero media GmbH, München,
nach einer Vorlage von Craig Fraser, S&S Art Dept
Umschlagabbildungen: Herz © VintageMedStock/Getty Images;
Blumen/Blätter © stock.adobe.com
Satz: Satzwerk Huber, Germering
Druck und Bindung: GGP Media GmbH, Pößneck
Printed in Germany
ISBN 978-3-466-37365-9

www.koesel.de

Für alle Patientinnen und Patienten,
denen eine zweite Chance verwehrt geblieben ist.

INHALT

Es gibt nur einen Augenblick zwischen der Vergangenheit und der Zukunft. Diesen Augenblick nennen wir das Leben.

Terry Pratchett

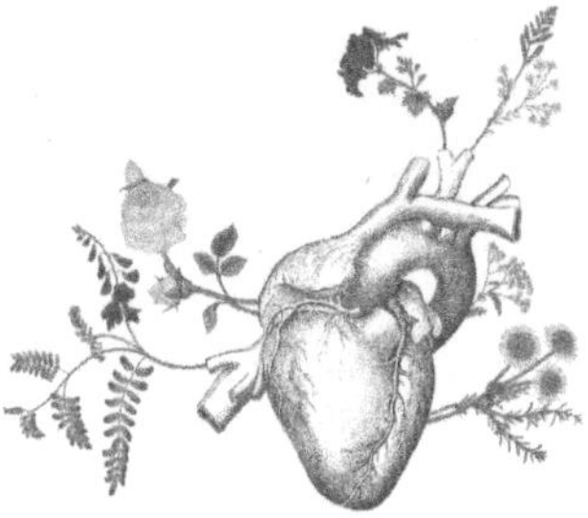

VORWORT
AUNTY WIN

Win, siebenundneunzig
Todesursache: das Leben

Ich habe schlechte Neuigkeiten: Sie werden sterben. Ich werde sterben. Wir alle werden sterben. Von Steve Jobs stammt der Ausspruch: »Der Tod ist die beste Erfindung des Lebens«. Ewiges Leben wäre überhaupt kein Leben. Was aber, wenn es Menschen gibt, die beide Seiten kennengelernt haben? Menschen, die ins Dunkel geschaut haben und in ein neues Leben zurückgekehrt sind? Menschen, die Teil der winzigen 6 Prozent sind, die einen Herzstillstand unbeschadet überleben, deren Herz aufgehört hat zu schlagen und dann doch weiterpocht?[1] Was

1 Der Prozentsatz wird unterschiedlich angegeben, je nach Land, den verwendeten Daten und der Definition von »unbeschadet«. Ich nutze hier die neuesten Statistiken von Steven C. Brooks, Gareth R. Clegg, Janet Bray, Charles D. Deakin, Gavin D. Perkins, Mattias Ringh, Christopher M. Smith et al., »Optimizing Outcomes After Out-of-Hospital Cardiac Arrest With Innovative Approaches to Public-Access Defibrillation: A Scientific Statement From the International Liaison Committee on Resuscitation«, in: *Circulation* 145/13, 2022, e776–801, https://doi.org/10.1161/CIR.0000000000001013

können sie uns berichten? Das Leben wird vorwärts gelebt, aber rückwärts verstanden: Fangen wir also an seinem Ende an.

Nie zuvor war ich an meinem Geburtstag auf einer Trauerfeier gewesen. Es sollte aber nicht das letzte Mal sein. In den Jahren nach Aunty Wins Tod sollte mein Lebensweg noch einige Wandlungen und Wendungen nehmen. Ich sollte mich verlieren und wiederfinden, und das dank der Geschichten der Beinahe-Toten, die ich in diesem Buch versammelt habe. Und dann sollte ich fünf Jahre später, wieder an meinem Geburtstag, zu einer Beerdigung gehen, die mir half, ein besseres Leben zu führen.

Meine Tante Win starb mit siebenundneunzig. Sie hatte ein außergewöhnliches Leben hinter sich, und es gab eigentlich keinen Grund, warum ihr Begräbnis besonders traurig sein sollte. Und in vielerlei Hinsicht war es das auch nicht. Doch Tradition und Kultur verlangen einen ernsten Rahmen, sie stellen den Verlust, nicht das Weitergegebene in den Vordergrund. Das Begräbnis fand unter einem düsteren, graubewölkten Himmel statt, als wäre auch die Natur Trauergast. Die Leute trugen dicke Wollmäntel und dunkle, um ehrfürchtige Hälse gewickelte Schals. Die blattlosen Bäume standen da als stumme Zeugen, ihre Skelettzweige gen Himmel gereckt. Das überfrorene Gras unter meinen blank polierten Schuhen knirschte im Takt, während ich Win mit fünf anderen auf meiner Schulter trug. Im Schutz der steinernen Kirche hatte sich ein Hauch von Weihrauch in den Geruch nach kalter, feuchter Erde gemischt. Als der Sarg hinabgelassen wurde, fiel sanfter Regen. Die letzten kummervollen Grüße, Mahnungen an die fragile Schönheit des Lebens, wurden in den Wind geflüstert. Ich trug meine Rede vor, die ich in

Briefform verfasst hatte und mit der ich die von der Tradition geforderte Trauer zu durchbrechen suchte:

Liebe Aunty Win,
noch nie habe ich jemandem geschrieben, der verstorben ist. Aber es erscheint mir passend. Zunächst wollte ich etwas über dich schreiben, aber dann dachte ich: Wieso schreibe ich nicht lieber an dich? Dieser Brief stammt nun nicht nur von mir, sondern von allen, die heute hier sind und dir Danke, Hallo und Adieu sagen möchten.

Neunundsiebzig Jahre, das ist schon eine wirklich lange Zeit: 5044 Samstage und Faulenzer-Sonntage. 1164 Vollmonde, sechs Mal Sonnenfinsternis, sieben Häuser, fünf Arbeitsstellen, zwei Heiratsanträge. Drei Milliarden Herzschläge.

Aber in deiner Geschichte geht es nicht nur um das wie lange, sondern auch um das, was du gesehen, gehört, gesagt und erlebt hast:

Die Gründung der BBC, das Wahlrecht für Frauen, die Entdeckung des Penicillins, den Tod eines Königs, die Abdankung eines Königs, einen neuen König, später eine Königin, den Krieg, die deutschen Bomber, Churchill, den D-Day, den 8. Mai 1945, die Einführung des National Health Service, die Olympischen Spiele in London, die Entdeckung der DNA, England als Fußballweltmeister, die Beatles, die Concorde, die Abschaffung des Shillings, den EU-Beitritt, den EU-Austritt, das Internet, Handys, lauter Präsidenten, Premierminister und Musikstars, die kommen und gehen, während du bleibst.

Aber in deiner Geschichte geht es eben auch nicht nur darum, wie lange du hier warst und was du gesehen, gehört, gesagt und erlebt hast. Es geht darum, wer du gestern und heute für uns warst und bist: Tochter, Schwester, Nichte, Tante, Hofhelferin, für manche wie eine Mutter, für so viele eine Freundin, ein Fels, eine Vertraute, treue Friedhofsbesucherin, stolze und weise Inspirationsquelle, Tänzerin, Sekretärin und Kriegsheldin, Kartenzeichnerin, Schreiberin von Hunderten Weihnachtsgrüßen, Keks- und KitKat-Versorgerin, und für mich einfach Aunty Win, von uns allen geliebt, jetzt, einst und immer.

Mit herzlichen Grüßen von all deinen Freunden, deiner Familie und allen, die das Glück hatten, dich kennenzulernen.

PS: Schreib zurück, wenn es passt.

Es half offenbar. Als der letzte Orgelton verklungen war, wich der feierliche Ernst einem wärmenden Gemeinschaftsgefühl. Die Trauergäste begaben sich vom Friedhof zu Wins Haus, man fand Trost im Miteinander. Inmitten murmelnder Gespräche und klappernder Teetassen, umgeben vom Duft frisch gebackener Scones und Wein statt der feuchtkalten Kirche, hellte sich die Stimmung spürbar auf.

Auf dem Tisch ein Foto von Win, ein aus einem langen, glücklichen Leben herausgegriffener freudiger Augenblick. Die Gäste erinnern sich, erzählen, in ihren Stimmen liegen Zuneigung und Wehmut. Im Hintergrund hört man die von Win so geliebten walisischen Lieder. Die Kinder hocken in den Zimmerecken und spielen. Die Geschichten und das Lachen durchweben den Raum wie ein unsichtbarer Faden, der alle verbindet und sich nach Win ausstreckt. Am Ende umarmt man sich, gibt sich die Hand und schließt den stillen Pakt, die Erinnerung an die Verstorbene wachzuhalten. »Wir müssen uns bald wiedersehen«, verspricht man einander – wissend, dass der nächste Anlass das eigene Begräbnis sein könnte.

Es wird ruhiger, man findet eine Art Abschluss. Die Trauergäste machen sich auf und nehmen den tröstlichen Gedanken mit, dass man das Leben in all seiner Schönheit und Zerbrechlichkeit doch am besten wertschätzt, wenn man sich mit jenen fühlt, die bleiben. Mir kam ein Gedanke: Win hätte all das – die Musik, die Menschen, das Essen, die Lesungen – wirklich gut gefallen. Meine Tante wäre zu gern bei ihrem Begräbnis dabei gewesen.

Ich arbeite seit mehr als zwanzig Jahren als Intensivmediziner und kümmere mich um Patienten, die sich in einem dichten Nebel zwischen Leben und Tod bewegen.

> Intensivmediziner: Auf der Intensivstation tätiger Arzt und Spezialist für Reanimation, der sich mit der Überwachung, Erkennung und Behandlung akut lebensbedrohlicher Zustände befasst. Am Ende nur ein Mensch, der zur Arbeit geht.

Einer von fünf Patienten, der auf die Intensivstation kommt, verstirbt dort. Und doch hat kaum jemand eine Vorstellung davon, wie es dort genau zugeht. Die Intensivstation (ITS) ist ein Ort, an dem der Ausnahmezustand zur Routine wird: Hier steht das Leben gefährlich auf der Kippe und jeder Augenblick ist ein Kampf gegen das Geschick. Zugleich aber ist es ein ganz normaler Ort: Die Leute kommen zur Arbeit, trinken Kaffee, machen Mittagspause, Drucker surren und Toiletten verstopfen. Tatsächlich verwundert mich am meisten, dass hier dank ganz normaler Menschen und Dinge wirklich Erstaunliches passiert. Die ITS ist ein beschleunigter Mikrokosmos.

In den 1940er Jahren, als mein Vater geboren wurde, gab es keine richtiggehenden Intensivstationen. Erst 1952, während der weltweiten Polio-Epidemien, schlug der dänische Anästhesist

Dr. Björn Ibsen vor, einer sterbenskranken zwölfjährigen Polio-Patientin namens Vivi einen Beatmungsschlauch zu legen und wurde damit zum Begründer der Intensivmedizin. Aber es sind nicht die Methoden, Maschinen oder Medikamente, die eine Intensivstation ausmachen – sondern die Menschen, die dort arbeiten. Vivi überlebte, weil sich 1500 Medizinstudenten dabei abwechselten, den mit dem Schlauch verbundenen Beatmungsbeutel mit den Händen zusammenzudrücken – über Stunden und Tage, dann über Wochen und Monate. Sie konnte das Krankenhaus verlassen, sie konnte ein gutes Leben führen, sich verlieben und verreisen – dank dieser Menschen. Knapp siebzig Jahre später, mit dem Ausbruch der Coronapandemie, war die Intensivmedizin in aller Munde. Für mich ist sie ganz einfach mein Arbeitsplatz, ein erstaunlicher Ort mit wunderbaren Kollegen.

Wer eine Intensivstation betritt, dem fällt zuerst diese Symphonie aus Piep- und Summtönen auf, die von ausgeklügelten Apparaten wie Beatmungsmaschinen, Infusionspumpen, Dialysegeräten und Monitoren ausgestoßen werden. Ihr Zusammenspiel hält den Patienten am Leben. Das Intensivbett ist bei Weitem kein Platz zum Ausruhen, sondern Dreh- und Angelpunkt zahlreicher Maßnahmen, die von modernster Technik, vor allem aber von engagierten Pflegekräften begleitet werden. Die stillen Helden der ITS gewährleisten eine Rund-um-die-Uhr-Versorgung und sorgen dafür, dass jeder Herzschlag und jeder Atemzug sorgfältig überwacht wird.

Intensivpatienten sind in einem besonders kritischen Zustand, sie kämpfen mit ernsten Organversagen – Lungen, die das Atmen verweigern, Herzen, die ins Straucheln geraten sind und Nieren, die nicht mehr filtern wollen. Ursachen sind etwa schwere Infektionen, postoperative Komplikationen, traumatische Verletzungen oder ein Immunsystem, das den eigenen Körper angreift. Kein Wunder, dass ich nicht immer auf Anhieb alle infrage kommenden 13 000 Diagnosen, 6000 Medikamente und 4000 operativen Maßnahmen aufzählen kann. Ich versuche, die streng logischen Aspekte der Intensivmedizin und die dringend benötigte Menschlichkeit auszutarieren. Ich denke nicht mit dem Bauch und furze nicht mit dem Hirn.

Die Intensivstation ist ein Hotspot der Innovation. Zur Verbesserung der Patientensicherheit hat man sich von Schulungskonzepten aus der Luftfahrt und von Erkenntnissen der Kognitionswissenschaft inspirieren lassen und arbeitet mit Checklisten und Crew Resource Management, um menschliche Fehler zu reduzieren. Diese Strategien sorgen dafür, dass auch in unvorhergesehenen, chaotischen Situationen jeder Patient die beste, auf ihn zugeschnittene Behandlung erfährt.

Das hat seinen Preis. Eine Nacht auf der Intensivstation kann bis zu 3000 Euro kosten. Aber es funktioniert: die ITS rettet Leben. Dank verbesserter Systeme, verbesserter Ausbildung und Ausrüstung und dem Einsatz evidenzbasierter Therapien ist die Sterberate bei kritisch kranken Patienten stetig gesunken. Weltweit werden jedes Jahr über 30 Millionen Patienten auf Intensivstationen behandelt, 24 Millionen von ihnen überleben. Nimmt man die Beatmung der kleinen Vivi als Anfangspunkt, so hat die Intensivmedizin seither schätzungsweise eine halbe Milliarde Menschenleben gerettet.

Doch abgesehen von den Kosten, der technischen Ausstattung und den Verfahren sind es die bedeutenderen emotionalen und ethischen Aspekte des Lebens, die das Herz jeder Intensivstation ausmachen. Denn hier koexistieren menschliche Widerstandskraft und Schwäche, hier wird jeder Sieg hart errungen und jeder Verlust tief empfunden. Das Personal durchschifft eine Krise nach der anderen und beweist bemerkenswerte Ausdauer, Empathie und moralische Stärke bei der Begleitung von Patienten und deren Familien durch schwerste Zeiten. Doch wir sind nicht nur dafür da, das Leben zu schützen. Unsere Aufgabe ist es auch, den Tod zu schützen. Wir wirken daran mit, dass vier von fünf Menschen die Intensivstation überleben, aber wir kümmern uns auch um das Fünftel, das es leider nicht schafft.

Ich habe hundertfach erlebt, dass das Herz eines Menschen zu schlagen aufhört. Dass jemand stirbt, wiederbelebt wird und zurückkehrt. Nach dem Tod meiner Tante Win, als sich die Tage zogen und die Jahre verflogen, wurde mir bewusst, dass es eben diese Menschen sind, denen wir zuhören sollten, eher als den Business-Gurus und Social-Media-Influencern: Patienten, die ihre unvorhergesehene Begegnung mit dem Tod überlebt haben. Sie wissen, was wirklich von Bedeutung ist.

Und so kam es, dass ich nach Wins Beerdigung anfing, die Worte dieser Menschen zu sammeln. Ich nahm mir vor, ihre Gedanken und ihre Antworten auf schwierige Fragen festzuhalten. Bei der Arbeit hatte ich nun ständig ein kleines rotes Notizbuch dabei, in das ich eintrug, was ich ihr »Lebensgeflüster« nannte. Wir haben alle schon solche Worte gehört – in Gedichten, Liedern oder aus dem Mund derer, die wir lieben. Doch nur nach der Berührung des Todes und der Konfrontation mit der eigenen Sterblichkeit können wir das Flüstern laut und klar hören. Denn das Leben wird rückwärts verstanden, aber vorwärts gelebt. Derzeit stirbt jährlich einer von einhundert Menschen[2] –

2 Laut dem *World Factbook* der CIA schwankt die Sterblichkeitsrate zwischen 19 Toten pro 1000 Einwohnern in der Ukraine und gerade einmal einem Toten pro 1000 Einwohnern in Katar.

welche Zeit wäre also besser geeignet, um diese Stimmen den verbleibenden Neunundneunzig zu Gehör zu bringen?

Ich möchte hier davon berichten, was mich meine Patienten gelehrt haben. Diese Menschen sind auf verschiedene Weise gestorben – da sind zwei Freunde, die vom Blitz erschlagen werden; eine Frau, die kein Herz mehr hat; ein Angler, der über den Jordan ging; ein Mann, der von Schneemassen begraben wird und ein Arzt, dem das Herz gebrochen wurde. Die folgenden Kapitel stellen diese Menschen in ihrem ersten Leben vor, schildern ihren Tod und erklären, wie ihre Wiederbelebung gelang – daraufhin treffen wir sie im zweiten Akt ihres Daseins wieder. Wir werden erfahren, welche Veränderungen in ihnen vorgegangen sind und was wir alle daraus lernen können, um unsere Zeit auf dieser kleinen blauen Kugel möglichst gut zu verbringen. Denn wenn Totenfeiern an die Toten vergeudet sind, dann ist das Leben an die Lebenden vergeudet.

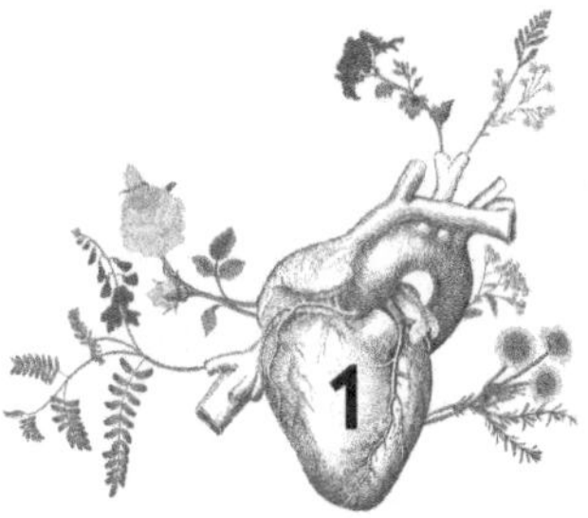

VOM BLITZ GETROFFEN

Ed, siebenundvierzig
Todesursache: Blitzschlag
Lebensursache: Über die Liebe reden, von den Toten sprechen

Ed erinnert sich an den Tag, an dem er starb. Als fußballirrer Siebzehnjähriger in einer englischen Kleinstadt stand freitagabends nur eins auf dem Programm: mit Freunden in den Pub gehen. Als ich mich dreißig Jahre später mit dem nun siebenundvierzigjährigen Ed unterhalte, merkt man ihm das Gewicht der von wilden Stürmen geprägten Lebensjahre an. Er ist mit einigen Narben, aber gestärkt aus ihnen hervorgegangen. An dem Tag trägt er eine blaue Kapuzenjacke: Ihr weißer Reißverschluss, der perfekt zu den hellen Flecken in seinem gepflegten Bart passt, zieht sich in gerader Linie über die Brust und lässt mich an den Blitz denken, der Ed und seinen besten Freund Stuart vor drei Jahrzehnten in den Körper fuhr. Ed bekam eine zweite Chance, Stuart nicht.

Ed wurde in Kenilworth im englischen Warwickshire geboren. Sein Vater, ein nüchterner Verstandesmensch, arbeitete als

Elektroingenieur, während seine Mutter sich zu Hause um die drei Söhne kümmerte. Nachdem die Familie aufgrund der Tätigkeit des Vaters in verschiedenen Städten kreuz und quer im Land gewohnt hatte, zog sie, als Ed zehn war, wieder zurück nach Kenilworth. Seine Brüder gingen inzwischen studieren, sodass Ed quasi zum Einzelkind wurde, doch er wusste sich zu beschäftigen. Gute Schulnoten fielen ihm nicht leicht, zum Teil auch, weil Eds Eltern ihn zu Fächern drängten, die sie für wichtig hielten, anstatt ihn seiner kreativen Ader folgen zu lassen. Aber die Schule war ja nicht nur für die Noten, sondern auch für die Freunde da, und die sorgten in Eds Leben für großen Spaß.

Er erzählt mir vom ruhigen Takt des Kleinstadtlebens: Nach der Schule wird im Park rumgehangen, am Donnerstag wird der Freitagabend, am Freitag der Samstagabend geplant. Beide werden in verrauchten Pubs verbracht, wo jeder jeden kennt und auch schon mal geknutscht hat. Das erinnert mich an meine eigene Jugend, die ich in Wales, auf dem rauen Pflaster der Stadt Neath, verbracht habe, in der zufälligerweise auch Eds Großmutter wohnte. Für Ed jedenfalls war jedes Wochenende gleich, bis auf eines jeweils im Juni. Im Juni 1994 sollte es schrecklich anders werden.

Immer am letzten Juniwochenende gab es in Kenilworth eine Kirmes, mit Fahrgeschäften und Buden, aus denen teure, halbgare Hotdogs oder auch sensationelle, zu Hause als unnütz erkannte Küchenutensilien verkauft wurden. Das Ganze fand auf dem idyllischen Rasengelände der Klosterruine Abbey Fields statt, umgeben von Hügeln, auf denen im Winter gerodelt wurde.

Nach einem frühen Abstecher in den Pub hatten sich auch Ed und seine vier Freunde zum Rummel aufgemacht. Am Ende, kurz vor Sonnenuntergang, liefen die Jugendlichen über die

Wiese zurück zur Hauptstraße. Eds bester Freund Stuart wollte dort ein Taxi nach Hause nehmen, weil seine Eltern im Urlaub waren und ihn nicht abholen konnten. Mit sechzehn war Stuart der Jüngste der Gruppe, und mit seiner kleinen, aber stämmigen Statur außerdem der perfekte Verbindungshalb der Rugby-Mannschaft im nahegelegenen Leamington. Die beiden Jungen hatten sich angefreundet, als Stuart zur elften Klasse auf Eds Oberschule gewechselt war. Oft tranken sie nach Schulschluss bei Ed noch einen löslichen Kaffee mit viel Milch, bevor Stuart nach Hause radelte.

Hinter den Vieren ebbte gerade der Kirmeslärm ab, als es zu regnen anfing. Die Tropfen fielen so schwer, dass ihre über die Köpfe gehaltenen Pullis im Nu durchnässt waren. Stuart und seine Freundin suchten Schutz unter einer der alten Eichen am Wiesenrand, Ed und seine Freundin Emma liefen weiter.

»Und dann kam dieser Knall!«, berichtet mir Ed und nimmt die Hände hoch.

Der Knall war ein mächtiger Blitzschlag von 300 Millionen Volt – damit könnte man meine Heimatstadt Cardiff einen ganzen Tag mit Strom versorgen. Emma flog hintenüber, Arme und Beine von sich gestreckt wie beim Hampelmann. Ed erinnert sich an ein Leuchten und wie er auf den Boden geworfen wurde. »Als würde ich wie eine Coladose zertreten«, schildert er das Gefühl. Und dann starb er.

Die Ursache für einen Herzstillstand durch einen Blitzschlag ist meist ein direkter Schaden an dem den Herzschlag kontrollierenden Gewebe, dem Sinusknoten. Der Kurzschluss trennt die Verbindungen, die gewährleisten, dass das Herz im Takt schlägt – auf ähnliche Störungen wird Eds Vater bei seiner Arbeit am europäischen Telefonnetz gestoßen sein. Ein Blitzschlag führt zudem zu ernsten Verbrennungen, und das nicht nur am Körper, sondern auch in den Organen. Auch kann es aufgrund der Muskelerschlaffung zu einem Nierenversagen kommen. Diese Erscheinungen lassen sich behandeln, doch dafür muss der Patient erst einmal im Krankenhaus ankommen – und zwar lebend. Entscheidend ist eine schnelle Reanimation zur Vermeidung von Hirnschäden. Je mehr Zeit verrinnt, desto größer der akute Blutmangel im Hirn. Und so ein Gehirn ist ein hungriges Organ, es benötigt dreimal so viel sauerstoffreiches Blut wie das Herz. Ohne diese Zufuhr sterben jede Sekunde Millionen Nervenzellen, feinste in Fett gebettete Leitungen. Bei einem Herzstillstand gilt also: Zeit ist Hirn und Hirn ist Ich.

Der Blitz war mit solcher Gewalt eingeschlagen, dass man es auf der zweihundert Meter entfernten Feuerwache hören konnte. Einer der freiwilligen Feuerwehrleute, der gerade in sein Auto steigen und nach Hause fahren wollte, rannte durch den Regen auf die Felder – ohne eine Ahnung, was ihn dort erwarten würde. Zuerst entdeckte er Eds Körper. Während er ihn reanimierte, sah er, dass unter der Eiche noch jemand lag. Ed wurde zuerst gefunden, er lebte. Für Stuart kam jede Hilfe zu spät.

Wenn man bedenkt, wie viele Pläne wir schmieden, wie oft wir das Für und Wider einer Entscheidung abwägen oder gar schlaflose Nächte verbringen, weil wir darüber grübeln, ob Option A oder B die bessere ist, dann scheint es, als hätten wir die Kontrolle über unser Leben. Ob es nun darum geht, eine Beziehung zu beenden, einen neuen Job anzunehmen oder ins Ausland zu ziehen, wir benehmen uns wie Schiedsrichter, als läge die Entscheidung in unserer Hand. Doch da unterliegen wir einer Illusion.

Die meisten großen Weggabelungen in unserem Leben ergeben sich durch reinen Zufall. Zunächst einmal sind wir auf die Welt gekommen, was an sich ein vollkommen unwahrscheinliches Ereignis darstellt. Dann hatten wir auch noch das Glück, nicht im Baby- oder Kleinkindalter zu versterben. Die Gene, die uns mutig oder stark oder motiviert oder faul machen, haben wir uns nicht ausgesucht. Wir haben uns womöglich in jemanden verliebt, dem wir genauso gut nie begegnet sein könnten – ob man sich nun am Flughafen, in der Schule, bei der Arbeit oder dank eines Algorithmus kennengelernt hat. Jedes Ereignis, und mag es noch so unbedeutend erscheinen, hat Sie durch eine Million Türen geführt, bis zu dem Punkt, an dem Sie hier und heute diese Worte lesen. Irre. Manchmal glaube ich, wir bestehen aus Zufällen.

Dass Ed leben durfte und Stuart sterben musste, war reiner Zufall. Es gehörten nur eine Portion Glück und ein Körnchen Pech dazu. Wäre Ed derjenige gewesen, der unter dem Baum stand, dann würde ich mich heute mit Stuart unterhalten. Hätte der Feuerwehrmann früher Feierabend gemacht oder wäre krank gewesen, hätte die Wache einen Kilometer weiter weg gelegen, dann wären beide Jungen tot gewesen. Der Zufall ist nicht zimperlich. Ed wurde wenige Minuten nach seinem Herzstillstand reanimiert und ins Leben zurückgeholt. Bei Stuart erfolgte die Reanimation nur wenige Augenblicke später und er starb.

Der Zufall kennt zwei Richtungen. Tagtäglich kümmere ich mich auf der Intensivstation um Patienten in einem kritischen Zustand. Manche haben Pech gehabt, manche haben schlechte Entscheidungen getroffen. Sie haben zu viel getrunken, sie sind zu schnell gefahren oder sie haben eine Dummheit begangen. Aber auch ich habe schon zu viel getrunken, bin zu schnell gefahren oder habe eine Dummheit begangen. Ich hatte Glück. Sie hatten Unglück. Sie sterben, sie müssen ins Gefängnis, ich jedoch mache einfach weiter.

Der britische Philosoph Derek Parfit spricht hier vom »moralischen Zufall« und beschreibt Situationen, in denen die moralische Beurteilung von Handlungen von Faktoren abhängt, die der Handelnde nicht beeinflussen kann. Die Bewertung einer Tat fällt unterschiedlich aus, je nachdem, welche Folgen sie hat. Und diese Folgen, so stellt Parfit heraus, sind oft vom Zufall beeinflusst. So können zwei Autofahrer sich ähnlich rücksichtslos verhalten, doch nur der eine überfährt einen Fußgänger, der dann auf meiner ITS landet. Der Grund für diesen unterschiedlichen Ausgang ist nicht der Grad an Rücksichtslosigkeit, sondern vielmehr Faktoren, auf welche die Fahrer keinen Einfluss haben. Die Gesellschaft und das Gesetz verurteilen den Unfallfahrer weitaus strenger, obgleich beide Fahrer gleichermaßen rücksichtslos gehandelt haben. Das erscheint ungerecht. Wenn wir nun den Faktor des Unkontrollierbaren im Blick behalten, fällt es uns vielleicht leichter, anderen mit mehr Verständnis und Mitgefühl zu begegnen, da wir erkennen, dass unsere Morallandschaft durch vielerlei Einflüsse geformt wird.

Diese Erkenntnis ermöglicht uns, den anderen nicht mit seinem schlimmsten Fehler gleichzusetzen. Denn der Einzelne ist nicht nur das Produkt seines unglücklichsten moralischen Zufalls. Wenn wir ein Bewusstsein dafür haben, dass auch unser eigenes Leben zum Großteil vom Zufall abhängt, verschafft uns das einen größeren Abstand zwischen Reiz und Reaktion, sodass wir Erfolge ohne Selbstgefälligkeit und Misserfolge ohne Verbitterung annehmen. Wir können kein endgültiges Urteil über jemanden fällen. Und wenn es einen Gott gibt, dann würfelt er.

* * *

Als der Feuerwehrmann seinen Brustkorb niederdrückte und wieder Blut in sein Hirn floss, wachte Ed auf.

»Wir haben ihn!«, sagte jemand aus der Menge, die von der Kirmes herübergekommen war. Fremde nahmen Ed hoch und trugen ihn unter einem Regenschirm den Hügel hinab. Die Straßenlaternen leuchteten in seltsamen Farben, und Ed erinnert sich, dass es ihm vorkam, als treibe er auf einem Schwimmring durch weiche Fluten aus Licht. Dann blieb sein Herz erneut stehen.

»Er ist wieder weg!«

Nach weiteren Reanimationsmaßnahmen kam Ed zu sich, als er bereits im Rettungswagen lag, der ihn auf die Kardiologie im nahegelegenen Krankenhaus in Warwick brachte. In den frühen Morgenstunden lag er lange wach, und eine wohlmeinende Pflegerin fragte ihn: »Hast du schon einmal einen Freund verloren?« Als er über den Flur lief, sah Ed einen von Stuarts Brüdern, der weinend dasaß und wohl darauf wartete, dass die Eltern von ihrer Reise zurückkehrten. Stuart war nur eine Woche vor seinem siebzehnten Geburtstag an der Mangeldurchblutung seines Gehirns gestorben.

Dabei war Ed eher der Normalfall, Stuart dagegen hatte enormes Pech. Neun von zehn Menschen, die vom Blitz getroffen werden, überleben das Ereignis. Das liegt daran, dass ein direkter Blitzschlag nur äußerst selten vorkommt. Bei den meisten Unfällen ist der Blitz ein Stück entfernt eingeschlagen und den Erdboden entlanggewandert. Ed muss in größerer Entfernung vom Einschlagspunkt gestanden haben als Stuart. Womöglich wurde er auch nur von einem Seitenblitz getroffen, bei dem ein Teil der Ladung von einem Baum oder einem anderen Objekt auf die Person überspringt. Indirekte Blitzschläge wie diese sind weitaus häufiger und weniger tödlich als ein direkter Einschlag.

Wenn der Blitzschlag aber direkt durch den Körper geht, hört meist das Herz auf zu schlagen und es sind Wiederbelebungsmaßnahmen erforderlich. Und je schneller diese erfolgen, umso besser. Jede Minute Verzögerung verringert die Überlebenschancen um 10 Prozent. Stuart hatte das Pech, von einem direkten Blitz getroffen zu werden, Ed hatte das Glück, dass so schnell Hilfe kam.

Schon am nächsten Tag wurde er aus dem Krankenhaus entlassen. Emma, die bei dem Einschlag durch die Luft geflogen war, hatte sich nur leicht verletzt und war vor Ort versorgt worden. Stuarts Freundin war nichts geschehen. In der Tüte, in der das Krankenhaus ihm seine Sachen mitgab, war ein Bild, das Ed während der schlaflosen Stunden gezeichnet hatte: Es zeigte, von oben gesehen, wie sein Körper auf dem Boden lag, die Knöpfe der Jeansjacke verbogen, die Gürtelschnalle verkokelt. Seine Eltern zeigten ihm später seine Jacke und den Gürtel, die genau so aussahen.

Vor dem Haus wartete die Presse, während Ed drinnen von der Polizei befragt wurde. Es war das erste Mal, dass Ed seinen Vater emotional aufgewühlt erlebte: Er saß zitternd da und wollte seinem Sohn die Hand halten, wusste aber anscheinend nicht, ob es angebracht oder gewünscht war.

Wenn er nun durch den Ort lief, spürte Ed die Blicke der anderen. Er war der Junge, der vom Blitz getroffen wurde. Der gestorben war und gerettet wurde. Der Glück gehabt hatte. Wir alle fertigen überzogene Karikaturen der Menschen in unserem

Umfeld. Freundeskreise und Familien vergeben Rollen wie den Stillen, die Verrückte, die Traumtänzerin und den Fettnäpfchentreter. Ed war nun auf ein Ereignis reduziert. Selbst im Pub war es nicht wie vorher, es wurde getuschelt und gelacht und geglotzt. Wohin er auch ging, ihm folgte ein Scheinwerferlicht. Irgendwann zog er nach Leeds, um in den Schatten zu gelangen, landete aber in einem Dunkel aus Drogen und Alkohol.

Der »Scheinwerfereffekt« beschreibt ein psychologisches Phänomen, bei dem die Betroffenen überschätzen, wie viel Aufmerksamkeit andere ihrem Aussehen, Verhalten oder eventuellen Missgeschicken zuwenden. Wie Ed haben wir oft das Gefühl, als stünden wir auf einer Bühne, im direkten Spotlight. Tatsächlich aber sind unsere Mitmenschen nicht so fokussiert auf uns wie wir meinen. Die meisten beachten uns gar nicht, und das hat auch etwas Gutes.

Zum Scheinwerfereffekt gibt es ein klassisches Experiment, bei dem die Teilnehmer ein T-Shirt mit dem auffälligen Konterfei des amerikanischen Popballaden-Sängers Barry Manilow trugen und damit einen Raum voller Menschen betraten. Anschließend sollten sie schätzen, wie vielen Leuten ihrer Meinung nach das T-Shirt aufgefallen wäre. Die meisten gaben eine viel zu hohe Zahl an, die über 50 Prozent lag. Tatsächlich hatten nur knapp 20 Prozent das T-Shirt beachtet.

Im Alltag kann diese Fehleinschätzung zu unnötigem Stress und übersteigerter Angst führen. Ich weiß noch, dass ich während meines Medizinstudiums einmal in einer besonders langweiligen Vorlesung vom Sitz gerutscht bin. Nicht dass ich eingenickt wäre, ich wollte eigentlich nur meinen Stift vom Boden aufheben. Und dann purzelte ich in dem Riesenhörsaal zwanzig Stufen hinab, von ganz oben bis nach ganz unten, dem Dozenten vor die Füße. Ich lag auf dem Rücken und blickte in sein strenges, aber doch leicht belustigtes Gesicht. Es war mir unendlich peinlich, aber in der anschließenden Kaffeepause erfuhr ich, dass die meisten meiner Kommilitonen meinen Stunt gar nicht mitbekommen hatten.

Es kann sehr befreiend wirken, wenn man um den Scheinwerfereffekt weiß. Denn es ermutigt uns, nachgiebiger mit uns zu sein, da wir erkennen, dass andere unsere Fehler viel weniger stark beobachten oder beurteilen als befürchtet. Das eingebildete Spotlight wird gedimmt und wir können uns im sozialen Miteinander ungehemmter und selbstbewusster bewegen, wenn wir uns weniger auf das vermutete Fremdurteil und mehr auf die direkte Interaktion und den Selbstausdruck konzentrieren. Dieses Bewusstsein führt zu einem gesunderen Selbstbild und einem authentischeren Austausch mit unseren Mitmenschen. Denn im Grunde ist jeder die Hauptfigur der eigenen Geschichte, nicht der Beobachter der unseren.

Einerseits ist es also eine entlastende Erkenntnis, dass andere uns wenig Aufmerksamkeit schenken. Andererseits gibt es natürlich Zeiten, in denen wir diese Aufmerksamkeit benötigen, in denen wir ein Licht brauchen, das uns den Weg weist oder uns zumindest ein wenig wärmt.

In den Tagen nach Stuarts Tod verbrachte Ed sein zweites Leben in seinem Zimmer, bei geschlossenen Vorhängen. Es kam Besuch vorbei, aber er wollte niemanden sehen. Bald darauf war Stuarts Beerdigung, und Ed brachte von irgendwoher die Kraft auf, eine Lesung zu übernehmen. Die Schule hatte einen Bus organisiert, der die Kinder von ihrer Klassenfahrt in Durham abholte und zur Kirche brachte. Es war das erste Mal, dass Ed das Haus verließ, doch allein beim Anblick seiner Freunde zogen sich die Vorhänge seiner Trauer wieder fest zu.

Ed wusste nicht, wie er das Geschehene verarbeiten sollte. Und es fragte ihn auch niemand danach. Weil sie befürchteten, das Falsche zu sagen, sagten die meisten lieber gar nichts. Dabei ist nichts immer das Falsche. Ed litt über Jahre an einem »Überlebensschuld-Syndrom« wie er heute weiß. Er traf viele schlechte Entscheidungen, und grübelte über Fragen wie: Warum ich? Warum er? Warum wir?

Es ist schon schwer genug, sich als Siebzehnjähriger im Leben zurechtzufinden, geschweige denn, auch noch den Tod des besten Freundes mit sich herumzutragen. Ed ging im nächsten Juni nicht mehr zu der Kirmes, und auch nicht im Juni danach. Er liebte oder hasste Gewitter, je nach Stimmung. Es kam vor, dass er Abbey Fields mied und einen langen Umweg nach Hause machte. Dann wieder ging er bewusst dorthin und saß stundenlang allein unter der Eiche. Ed hatte absolut keine Angst mehr vor dem Tod. Es war ihm gleichgültig, ob er am nächsten Tag aufwachte oder nicht. Dabei war er nicht selbstmordgefährdet, er genoss das Leben, so wie es gerade war. Doch die Konsequenzen seines Handelns waren ihm egal. Er hatte nicht den Eindruck, dass er es verdiente zu leben, also gab es nichts zu verlieren. Was er verlor, waren Stunden und Tage, die er in Metal-Clubs verbrachte, unter dem Einfluss von Drogen und Alkohol, die irgendwann zwingend dazugehörten.

Die Angst vor dem Tod loswerden, das möchten viele. Die psychedelische Revolution der 1970er wurde von Leuten wie dem »LSD-Propheten« Timothy Leary in Verruf gebracht, der mit dem Ausspruch »Turn on, Tune in, Drop out« provozierte: Der Einstieg in den Drogenkonsum war der Ausstieg aus der Norm.

Fünfzig Jahre später erhalten totkranke Patienten Psychedelika, weil sie an den Ort gelangen wollen, an dem Ed die Angst vor dem Tod verlor. Sterben sorgt offenbar dafür, dass die Furcht vor dem Ende des Lebens kleiner wird.

In *One Medical*, meinem letzten Buch, habe ich Chris Lemons vorgestellt, einen Tiefsee-Sättigungstaucher, der fünfundvierzig Minuten lang sterbend am Meeresboden lag, weil seine Sauerstoffzufuhr unterbrochen war. Doch er überlebte und konnte von seiner Erfahrung berichten. Nach seiner Rettung sagte er: »Man weiß irgendwie, dass es in Ordnung ist. Es ist, als würde man eindösen. Kurz war ich traurig. Mir war kalt, mein Körper wurde taub, aber dann war es, als würde man einschlafen. Es ist nicht so schlimm.« Tatsächlich kann es ungemein helfen, kaltes Blut zu bewahren.

Leider konnte Ed den Tod nicht so abstreifen wie Chris Lemons. Er fürchtete sich zwar nicht mehr vor dem eigenen Tod, der Verlust seiner Nächsten aber setzte ihm schwer zu. Innerhalb eines Jahres verlor er drei Menschen, denen er nahegestanden hatte: ein Freund beging Suizid, ein anderer kam bei einem Autounfall ums Leben, und dann starb auch noch Eds Großvater. Doch Ed blieb mit seiner Trauer allein. Es gab kein Auffangsystem, keine Hilfen, höchstens die jährliche Herzuntersuchung. Sein Herz war gebrochen, aber dafür war der Arzt nicht zuständig.

Ich fragte Ed, ob er seinem siebzehnjährigen Ich etwas sagen wolle, jetzt, mit dreißig Jahren Abstand.

»Eine Menge«, antwortete er mit einem langsamen Kopfnicken. »Ich würde ihm sagen: ›Du bist nicht allein.‹ Ich würde den Arm um ihn legen ihm sagen: ›Das geht vorbei.‹«

Zum Glück hat die Medizin inzwischen erkannt, dass es nicht ausreicht, Körper und Knochen zu reparieren. Der regelmäßige Herz-Check ergab keinen Befund, dabei brauchte Ed dringend jemanden, der ihm zuhörte, ihn in den Arm nahm. Und die schwierigen Fragen stellte:

»Wie verarbeitest du den Tod deines besten Freundes?«

»Möchtest du darüber sprechen?«

»Erzähl mir von Stuart. Wie war er?«

»Was an ihm vermisst du besonders?«

Diese Art von Beratung und Hilfe gelingt uns mittlerweile besser, aber noch nicht gut genug. Viele Patienten und die Familien von chronisch Kranken und Krebskranken erhalten Unterstützung, doch bei einem plötzlichen Todesfall fehlt diese oft. Selbst auf der Intensivstation, wo der Tod doch ein bekanntes Gesicht ist, da ein Fünftel der Eingelieferten stirbt, kommt er manchmal wie ein Nachklapp, wie ein bedauerliches Anhängsel daher. Dabei sollten wir im Umgang mit dem Tod wahre Experten sein. So, wie wir Schläuche in die Lunge legen und ein Herz wieder zum Schlagen bringen können, sollten wir auch Trauernden beistehen können. Doch der Zugang zu einer Trauerberatung ist oft schwierig.[3]

Ed sorgte unwissentlich für seine eigene Heilung. Hinter allen schlechten Entscheidungen steckt eine Geschichte, das wusste auch das Krankenhaus in Warwick. In den Jahren nach Stuarts Tod konnte Ed dort Freiwilligenarbeit leisten. Wenn mal nicht so

---

3 Ich freue mich daher besonders, als Botschafter von 2Wish tätig zu sein, einer Wohltätigkeitsorganisation, die diese Lücke zumindest im Vereinigten Königreich schließen möchte. 2Wish bietet Familien Unterstützung, die vom plötzlichen Tod eines Kindes betroffen sind, und das unmittelbar in den entscheidenden Stunden, Tagen und Wochen. Dabei handelt es sich wohlgemerkt um ehrenamtliches Engagement. Ist unsere »allgemeine Gesundheitsversorgung« wirklich allgemein, wenn sie vor dem Tod haltmacht?

viel los war, lief er über denselben Flur, auf dem Stuarts Bruder geweint hatte, und sprach dort mit Menschen, die eine schwere Zeit durchmachten. Anschließend arbeitete er beim Sozialdienst und kümmerte sich um Kinder, deren Eltern an Krebs erkrankt waren. Er bot ihnen die Hilfe, die Zeit und die Fragen, die er selbst gebraucht hätte. Er wusste, dass man nicht unbedingt Antworten geben, sondern einfach da sein muss, auch wenn einem die Worte fehlen.

Und wir selbst? Oft genug bekommt man mit, dass jemand zu kämpfen hat, dass jemand leidet, ist sich aber unsicher, ob man diesen Menschen das Richtige sagen kann. Wir sollten dennoch etwas sagen. Oder eben nichts sagen und einfach da sein. Sagen wir ihnen, dass wir sie lieben. Dass wir mitfühlen. Dass wir für sie da sind. Und das am besten gleich, denn nicht immer bekommt man eine zweite Chance.

Ed und ich redeten stundenlang. Als es Abend wurde, leuchtete der weiße Reißverschluss an Eds Jacke nicht mehr ganz so hell. Seine Geschichte ist nicht wegen des Blitzschlags so bedeutend. Sondern wegen dem, was der Blitz bei den Menschen offengelegt hat.

»Ich lebe jeden Tag damit«, sagte Ed. »Aber ich lebe damit, ich durchlebe es nicht mehr.«

»Wenn du einen Schalter umlegen könntest, der das Geschehene rückgängig macht, würdest du es tun?«, fragte ich.

Er brauchte eine Weile, um darauf eine Antwort zu geben und rutschte mehrmals auf seinem Stuhl hin und her.

»Ich würde ihn für Stuart umlegen, auf jeden Fall, und für mein siebzehnjähriges Ich. Aber nicht für mein siebenundvierzigjähriges. Denn ich bin deswegen hier. Und wegen meinem Sohn Toby. Ich war mir nie sicher, ob ich Kinder möchte. Aber mein Sohn Toby und ich, wir sind ein Team, seit er drei ist. Und wir sind ein tolles Team, wir beide. Er ist das Beste, was mir je passiert ist in meinem Leben.«

Toby ist eben vierzehn geworden. Er geht in Kenilworth zur Schule. An dem Wochenende vor unserem Gespräch ist Toby beim Gedenkmarsch über die Abbey Fields mitgelaufen, vorbei an der Eiche. Der Feuerwehrmann, der Ed das Leben gerettet hat, marschierte neben ihm.

Vielleicht sieht Ed Stuart, wenn er seinen Sohn anschaut.

»Darüber habe ich nie nachgedacht«, meinte er. »Aber ich sage ihm jeden Tag, dass ich ihn liebe. Ich sage ihm, wie stolz ich auf ihn bin. Und dass ich immer für ihn da bin, egal was ist. Dasselbe würde ich auch zu Stuart sagen.«

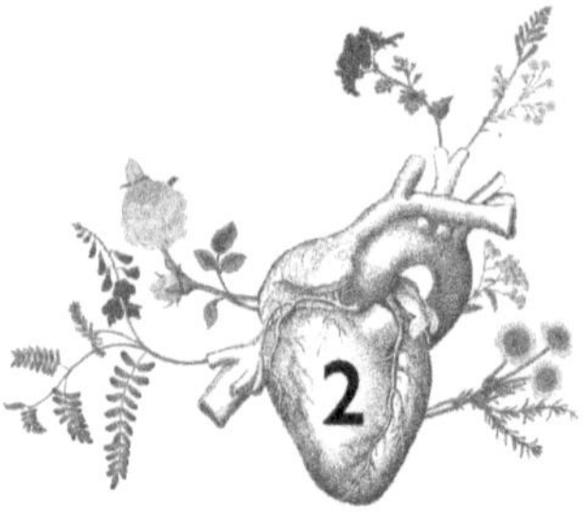

2

BLAUES BLUT

Luca, dreißig
Todesursache: Covid
Lebensursache: Worte haben Kraft

Wir haben zwei Leben. Das zweite beginnt, wenn wir merken, dass wir nur das eine haben. Für Luca, einen dreißigjährigen italienischen Apotheker aus Wales, kam diese Erkenntnis im Jahr 2020, als er an Covid starb.

Luca wuchs in einem ruhigen, südlich gelegenen Viertel Roms auf. Seine Mutter arbeitete als Lehrerin, sein Vater war Banker und wurde im selben Jahr geboren, in dem auch die Intensivmedizin erfunden wurde. Als Kind verbrachte Luca viel Zeit mit seinen Freunden, ging ins Kino und wurde dafür gehänselt, dass er kein Anhänger der Staatsreligion Fußball war. Er begeisterte sich für Naturwissenschaften, fehlte aber oft in der Schule, weil sich Kinderkrankheiten bei ihm oft über lange Zeiträume hinzogen. Was bei seinen Freunden nur eine leichte Erkältung war, warf Luca komplett aus der Bahn, und er brauchte deutlich länger, um sich zu erholen. Doch es war gerade die

Frustration über seine schwache Gesundheit, die Luca darauf brachte, Apotheker zu werden.

Er mochte seine Arbeit, doch schon vor seiner kurzen Bekanntschaft mit dem Tod ahnte Luca, dass das Leben mehr zu bieten hatte als seine schöne, wohlbekannte Heimatstadt. 2011 buchte er Flugtickets, um den italienischen Apennin gegen die grünen Hügel von Wales zu tauschen. Seine Taschen lagen fertig gepackt zu Hause, als er auf einer Party seine zukünftige Ehefrau Aria kennenlernte. Luca war schnell klar, dass er hier einen wirklich besonderen Menschen zurücklassen würde, aber da die Pläne nun einmal gefasst waren, überließen die beiden ihre Zukunft dem Zufall. Sie unternahmen noch einen Ausflug nach Venedig, tauschten ihre Skype-Benutzernamen aus und küssten sich zum Abschied.

Im Leben kommt es nicht nur darauf an, welche Entscheidungen wir treffen, sondern wann wir diese treffen. Daraus erklärt sich, warum Luca richtig gehandelt hat, als er wegflog. Im Netz ist ein Bild viral gegangen, das dies eindringlich illustriert: Ein älteres Ehepaar verschläft da seine Gondelfahrt auf Venedigs Canal Grande, wo auch Luca und Aria ihren letzten gemeinsamen Tag verbrachten. Die beiden sind vielleicht Mitte siebzig, haben alle viere von sich gestreckt und schlafen tief und fest, während hinter ihnen der Gondoliere amüsiert in sich hineinlächelt. Vielleicht haben sie schon Jahrzehnte davon geträumt, nach Venedig zu reisen, vielleicht mussten sie erst genug Geld ansparen oder haben gewartet, bis die Kinder auf eigenen Beinen stehen – und als dann endlich der richtige Zeitpunkt gekommen ist, sind sie zu müde und erschöpft, um es wirklich zu genießen. Das selige Schläfchen während dieses einmaligen Erlebnisses lässt sich als Mahnung lesen, wie wichtig es ist, den richtigen Moment zu erwischen.

Das Buch *4000 Wochen* von Oliver Burkeman erinnert uns daran, dass unsere Zeit auf der Erde begrenzt ist – im Schnitt leben wir 4000 Wochen, das sind gerade einmal 28 000 Tage. Diese Begrenztheit bringt mit sich, dass wir Prioritäten setzen müssen. Und wirklich Wichtiges nicht verschieben, sondern Chancen ergreifen, wenn sie sich bieten. Wer immer auf den »geeigneten« Moment wartet, verpasst diese Gelegenheiten. Ja, Luca hätte seinen Umzug ins Ausland verschieben können, aber wer weiß, ob sich eine solche Möglichkeit noch einmal ergeben hätte?

Der richtige Zeitpunkt ist oft ganz einfach jetzt und liegt nicht in einer fernen, unabsehbaren Zukunft. Oder zumindest gibt es Dinge, die jetzt angefangen werden wollen, damit man sich ihnen voll widmen kann. Eine Familie gründen, dem Traumjob nachgehen, neue Orte bereisen. Hier ist nicht nur die richtige Wahl, sondern auch das richtige Timing von Bedeutung. Vertagt man einen Entschluss, bringt man sich um die Erfahrungen und Bereicherungen, die er möglich macht. Und auch wenn man nach einer Entscheidung enttäuscht ist, heißt das nicht, dass es die falsche Entscheidung war.

Im Grunde sind das Timing und die sich bietenden Optionen zwei verknüpfte Fäden im Stoff des Lebens. Manche Dinge packt man eben am besten in bestimmten Lebensphasen an. Man geht Skifahren, wenn man jung ist und es sich nicht leisten kann, denn wenn man siebzig und wohlhabend ist, wollen die Knie nicht mehr mitmachen. Reiseabenteuer passen zur Jugend, stabile Beziehungen zum mittleren Alter, besinnliche Momente zum Altsein. Dieser Ansatz verspricht, dass wir möglichst viel Mehrwert und Freude aus allen Lebensabschnitten ziehen.

Zwei Jahre, nachdem er Aria in Italien zurückgelassen hatte, nach zahllosen Telefonaten, Videonachrichten, Geburtstagsbesuchen und gemeinsamen Urlauben, machte Luca ihr auf Sardinien einen Heiratsantrag. Im Sommer 2016 feierte das Paar in Rom Hochzeit, und im Mai 2019 kam nach einer schwierigen Schwangerschaft seine wunderhübsche Tochter Sofia zur Welt. Nur ein Jahr, nachdem Lucas Leben durchs Vaterwerden auf den Kopf gestellt wurde, sollte es einen weiteren Einschnitt geben.

Luca arbeitete als Apotheker im Krankenhaus und hatte in diesem April 2020 viele Überstunden gemacht, da Covid-Patienten mit Medikamenten versorgt werden mussten. An einem der seltenen freien Tage schob er Sofias Buggy am River Taff entlang nach Hause und wunderte sich, wie schwer es ihm fiel. Daheim angekommen, fühlte sich seine Stirn immer heißer an. Nachts stieg seine Temperatur weiter, dazu kam ein trockener, lästiger Husten. Er kämpfte sich durch die folgenden Tage, trank auf seinen eigenen fachlichen Rat hin reichlich Wasser und nahm Paracetamol, um das Fieber und den drückenden Kopfschmerz zu dämpfen. Am folgenden Sonntag dann hatte er 40 Grad Fieber, konnte wegen des Hustens nicht mehr schlafen und hörte sich beim Atmen an wie eine alte Kirchenorgel.

Luca lieferte sich selbst ins Krankenhaus ein und wurde an seinen im Flur stehenden Apothekenkollegen vorbei schleunigst auf die Coronastation geschoben. Sein Atem ging extrem schnell. Um Mitternacht waren seine Sauerstoffwerte niedriger als bei Bergsteigern auf dem Mount Everest. Luca musste auf die Intensivstation, dort wurde Sauerstoff mit Überdruck in seine Lunge gepresst.

»Im Grunde war ich erleichtert, auf die Intensivstation zu kommen«, erzählt er mir. »Ich habe Aria angerufen und ihr gesagt, sie solle sich keine Sorgen machen, es würde alles gut.«

Eine Stunde später stellte sich heraus, dass die Sauerstoffgabe nicht ausreichte. Weil er sie nicht wecken wollte, schrieb er Aria eine Nachricht: Er würde nun an lebenserhaltende Maschinen angeschlossen. Der Text endete mit: »Ich liebe dich.« Auch bei seinem Chef meldete Luca sich: »Kann morgen nicht zur Arbeit kommen.«

An diesem Abend rief auch ich bei Aria an. Nichts war gut.

Die Intensivversorgung kennt keine Überweisungen und keine Wartelisten. Auf lebensrettende Maßnahmen kann ein Patient nicht warten. Aus diesem Grund schreibe ich selten Briefe, die an Hausärzte oder die Patienten selbst gehen. Die meisten meiner Aufzeichnungen sind für den internen Gebrauch im Krankenhaus gedacht und haben mit der Zeit eine eigene Struktur und Formelhaftigkeit angenommen, mit lauter Aufzählungszeichen und seltsamen Symbolen. Selbst wenn meine Handschrift schön säuberlich wäre (was sie nicht ist), so bliebe der Inhalt für Fachfremde doch unverständlich. Das Ganze erinnert eher an Hieroglyphen. Doch mit der Pandemie veränderten sich meine Einträge.

Alle Welt suchte nach einem Sinn in der Geschichte, die sich da abspielte. Meine Aufzeichnungen lasen sich bald nicht mehr wie Fachliteratur, sondern wie ein Coffee Table-Buch. Ich plante nicht etwa eine Art Thriller oder Krimidrama, sondern mir war vielmehr daran gelegen, die Biografien meiner Patienten nachzuzeichnen, indem ich Wissenschaft mit Menschlichkeit und Angst mit Hoffnung verwob. Ich wollte, dass meine Notizen für alle verständlich wären, auch wenn ich gar nicht wusste, wer sie einmal lesen würde. Die Medizin sollte und muss eine menschliche Wissenschaft sein, sie ist der wissenschaftliche Ausdruck einer menschlichen Verfassung. Meine langen Auflistungen und kryptischen Zeichen verwandelten sich in eine dichte Erzählung, in der ich anderen Ärzten, mir selbst und den Familien, die nicht bei ihren Angehörigen sein durften, zu erklären versuchte, was gerade geschah. Mit meinen medizinischen Stichworten konnte ich die einzelnen Krankheiten ins Visier nehmen, doch den Kern der Sache traf ich damit oft nicht. Nun bemühte ich mich stattdessen, jedem einzelnen Fall durch Worte Sinn zu verleihen. Natürlich schrieb ich weiterhin Verordnungen, um Körper zu heilen, doch kamen Erzählungen hinzu, mit denen die Seele gesunden sollte.

Nachdem ich diesen Wandel vollzogen hatte, fiel mir noch etwas auf: Wir Ärzte versuchen stets, den Patienten ins Zentrum all unserer Bemühungen zu stellen, doch die im klinischen Alltag allgegenwärtigen Berichte schließen den Patienten aus seiner Geschichte aus. Arztbriefe sind an Kollegen adressiert, sie werden *über*, nicht *an* Patienten geschrieben. Nach dem Telefonat mit Lucas Frau entschloss ich mich an diesem Abend zu einem ungewohnten Schritt. Ich kann gar nicht sagen, wie ich darauf kam oder ob ich überhaupt darüber nachdachte. Obgleich Luca bewusstlos im Sterben lag, richtete ich meinen Bericht an ihn, in Briefform, so wie ich schon meiner Tante Win zu ihrem Begräbnis geschrieben hatte. Dabei hoffte ich inständig, dass es keine Trauerrede würde.

Hallo Luca, ich habe heute am Telefon lange mit deiner Frau Aria gesprochen. Im Hintergrund konnte ich deine kleine Tochter Sofia hören. Ich habe Aria erklärt, dass du in einem kritischen Zustand bist und sämtlichen Sauerstoff benötigst, den wir dir über unsere Beatmungsmaschine geben können. Wir haben dich inzwischen auf den Bauch gelegt, aber es hilft nicht. Ich habe Aria gesagt, dass Todesgefahr besteht. Als sie das hörte, musste sie weinen, das tut mir sehr leid, aber ich wollte ehrlich sein.

Es gibt jedoch Hoffnung. Wir würden dich nicht am Leben halten, wenn es keine gäbe. Der Grund, aus dem wir jeden Tag zur Arbeit gehen, ist doch, dass wir Menschen wie dich zurück zu jenen bringen wollen, die sie lieben, so wie deine Frau und deine Tochter Sofia dich lieben. Ich habe Aria gesagt, dass ich ein Spezialteam in London um eine letzte Behandlung gebeten habe, eine ECMO. Bei diesem Verfahren wird Sauerstoff direkt ins Blut gegeben, ohne Umweg über deine Lungen, die entzündet und voller Flüssigkeit sind. Es kann sein, dass auch das erfolglos bleibt und du sterben musst. Aber es besteht Hoffnung. Vielleicht geht es gut, und du wirst leben.

Worte haben Kraft. Lesen und schreiben haben seit jeher einen tiefen Einfluss auf mich. Sie überspringen offenbar den emotionalen Elektrozaun, der mir die nötige Stärke gibt, wenn ich mit Angehörigen spreche oder einen Vortrag vor großem Publikum halte. Oft schreibe ich auf, was ich nur schwer sagen kann, oder ich lese, was ich nur schwer hören kann, damit die Worte eine Lücke in meinem emotionalen Bannkreis finden. Ich hatte den Brief an Luca schon zu Ende geschrieben, als doch noch etwas auf dem vor mir liegenden Papier landete. Eine Träne.

In einem Krankenhaus findet man Tränen schneller als einen Schluck Wasser. Doch für einen Wasserfall reicht es trotzdem nicht. Allein um die 2,5 Millionen Liter für ein olympisches Schwimmbecken zusammenzubekommen, müsste jeder Erdbewohner mindestens fünfzig Tränen vergießen.

Nur wir Menschen weinen aus einer Gefühlslage heraus. Damit uns die Tränen kommen, reichen manchmal schon kleinste Reize aus: eine eindrückliche Erinnerung, ein Musikstück, die Freude über ein Wiedersehen. Tränen reinigen das Auge von Fremdkörpern und Schmutz, doch Weinen dient offenbar einem tieferen, rätselhafteren Zweck. Der Körper löst damit eine Anspannung und spricht eine wortlose Sprache, die unsere innere Unruhe oder Freude nach außen trägt.

Weinen ist nicht nur ein Ventil, sondern auch eine Kommunikationsform. Es signalisiert Not oder Kummer und bittet unser Umfeld um Mitgefühl und Unterstützung. Weinen kann Beziehungen festigen und den Zusammenhalt stärken – wenn wir denn in diesem verletzlichen Moment nicht allein sind. Tränen sind Reaktion auf einen emotionalen Schmerz, auf Trauer oder Verlust, und können daher eine therapeutische Wirkung haben.

Die Annahme, dass Weinen uns hilft, mit Kummer und Not fertigzuwerden, wird durch psychologische wie physiologische Evidenz bestärkt. Emotionale Tränen enthalten eine höhere Konzentration an Stresshormonen wie Kortisol. Wenn wir diese Tränen loswerden, können wir womöglich unseren Körper physisch von Stress befreien und eine beruhigende Wirkung tritt ein. Psychologisch kann Weinen ein reinigendes Loslassen sein, durch das wir unsere Trauer akzeptieren und verarbeiten. Wir stellen uns unseren tief empfundenen Gefühlen, geben ihnen Ausdruck und eröffnen uns damit einen Weg zur Heilung.

Sind wir aber die einzigen Lebewesen, die weinen? Nein, sind wir nicht. Doch gilt es zu beachten, dass viele Tiere aus rein physiologischen Gründen Tränen produzieren – etwa, um die Augen feucht zu halten oder sie von Schmutz zu befreien. Weinen als Reaktion auf emotionale Reize ist offenbar ein rein menschliches Phänomen.

Als Mischung aus Ureigenschaft und zutiefst Menschlichem bleibt Weinen eines unserer bestimmenden Merkmale. Tränen sind biologische Notwendigkeit und zugleich Ausdruck unserer emotionalen Komplexität. Tränen verbinden, sie heilen und sie äußern, was Worte oft nicht wiedergeben können. Die Träne auf dem Brief an Luca tropfte auf das Wort Hoffnung. Sie verwischte die Tinte, machte aber umso klarer, was ich sagen wollte.

Wenige Stunden nach meinem Hilferuf traf das Team aus London ein. Der Einsatzwagen war durch leergefegte Straßen gefahren, vorbei an geschlossenen Geschäften und Pubs, denn das Leben war von der Regierung ausgesetzt worden. Sogar die Kirchen waren an diesem Sonntag geschlossen. Vielleicht war dies das erste Mal, dass die organisierte Religion tatsächlich auf die Wissenschaft hörte.

Um Lucas Blut mit Sauerstoff anreichern zu können, waren zunächst aber noch einige Schritte zu bewältigen. Wir mussten ihn aus dieser prekären Lage zwischen Leben und Tod heraus von der Intensivstation in den Operationssaal bringen. Die ECMO-Maschine benötigt dicke Plastikschläuche, die über tief liegende Leistengefäße eingeführt werden und wie ein unterirdischer Tunnel durch den Körper bis zum Herzen verlaufen. Um diese Schläuche sicher zu verlegen, braucht es millimetergenaue Präzision, Röntgenkontrolle und eine sterile Umgebung. Auf keinen Fall durften Lucas Blutgefäße beschädigt werden, sonst würde er verbluten.

Schon allein Lucas Transport war eine Herausforderung, da die Operationssäle rund um die Intensivstation pandemiebedingt geschlossen waren. Stattdessen mussten wir ihn in einen weit entfernten Bereich verlegen, der normalerweise für Knie- und Hüftoperationen genutzt wird. Ich war an diesem Tag nicht nur Intensivmediziner, sondern auch nach Schlüsseln suchender Hausmeister, für Licht sorgender Elektriker und Gerätekisten schleppender Umzugshelfer. Wir mussten erst den Operationssaal zum Leben erwecken, damit Luca ins Leben zurückgeholt werden konnte.

Wir schoben Luca vorsichtig den längsten Krankenhausflur Europas entlang. Er lag weiterhin auf dem Bauch und war über unzählige Kabel und Schläuche an lebenserhaltende Geräte angeschlossen. Mit Beginn der OP wusste das gesamte Team, dass die nächste Stunde über Leben und Tod entscheiden würde. Zum Legen der ECMO-Schläuche musste Luca auf den Rücken gedreht werden. Doch allein dadurch sanken seine Sauerstoffwerte noch weiter. Der Monitor schrie Alarm, als Lucas Blutsauerstoffsättigung von Mitte 80, einem lebensbedrohlich niedrigen Wert, in den 70er- und 60er-Bereich abrutschte. Das sind Werte, die mit dem Leben nicht vereinbar sind. Lucas Herz mühte sich, wurde immer langsamer und blieb schließlich stehen. Für einen kurzen Moment war das Leben verschwunden, es setzte aus, und Lucas bläulicher Körper sah bereits tot aus. Ich bereitete mich mental auf das Gespräch mit Lucas Frau vor und stellte mir vor, wie sie dabei seine Tochter in den Armen hielt. Ich überlegte mir, was ich sagen würde. »Gestorben.« »Keine Schmerzen.« »Mein Beileid.« Dann dachte ich an meine Tochter Evie. Es war ihr Geburtstag. Ich hatte versprochen, pünktlich nach Hause zu kommen. Nun waren die Kerzen auf ihrer Geburtstagstorte schon seit Stunden ausgeblasen.

Nur einen Moment später startete die ECMO-Maschine der Londoner Spezialisten. Pumpen surrten und Schläuche röchelten und tiefblaues Blut wurde aus Lucas Körper gesaugt. Die Farbe erinnerte an die Malerei auf einer zarten Porzellanvase, die diese in einem verzweigten Muster durchzieht wie Adern den Körper. Das blaue Blut wanderte durch durchsichtige Schläuche ins Innere der Maschine und wurde auf der anderen Seite als frischer Fluss aus hellrotem Blut ausgestoßen. Dieses neue Blut hatte die Intensität eines lodernden Feuers, seine Wärme und Energie strömten wie warme Glut durch Lucas Adern.

Der rote Fluss lief Lucas Bein entlang, seinen Körper hinauf und brachte sein bis dahin aschfahles Gesicht zum Leuchten. Der Monitor hörte auf zu schrillen und stieß nun einen neuen, immer höher werdenden Ton aus, da Lucas Sauerstoffwerte zum ersten Mal seit einer Woche wieder in den Normalbereich stiegen. Die lebenserhaltenden Medikamente wurden reduziert, nach wenigen Minuten konnten die Pumpen abgeschaltet werden. Dies war der Moment zwischen Vergangenheit und Zukunft. Der Moment, den wir Leben nennen. Es war wie Zauberei. Das Team bereitete Lucas' Transport nach London vor.

Luca war der Glückliche unter den Glücklosen der Pandemiejahre. Bei vielen Patienten sollte die ECMO-Therapie zu spät kommen, außerdem musste das Team auf die Hilferufe aus dem ganzen Land weitaus öfter mit einem Nein statt mit einem Ja antworten. Ich erinnere mich an Luca, weil er ein besonderer Fall war, zugleich aber kann ich die vielen, alten wie jungen Patienten nicht vergessen, die es nicht geschafft haben. Es gibt viele Menschen, die zu Verstorbenen sprechen, nachts in meinen Träumen aber sprachen die Toten zu mir. Mit den Jahren gelang es ihnen, mich ständig zu begleiten und immer mehr Platz einzunehmen. Vielleicht – nein, ganz sicher – war das auch ein Grund, warum ich mein Leben ändern musste.

Ein Jahr nach Lucas Rettung rief mein Freund und Kollege Jack Parry-Jones ein Projekt ins Leben: Für jeden Menschen, um den wir uns während der Pandemie gekümmert hatten, sollte ein Baum gepflanzt werden. Die Erinnerung sollte mit Hoffnung, mit neuem Leben verknüpft werden. Und so fuhren meine jüngere Tochter und ich an einem windigen Tag in eine malerische Stadt im wunderschönen Usk Valley und beteiligten uns an der Pflanzaktion. Nicht nur für die Patienten des vergangenen Jahres, sondern auch für die unermüdlich im Einsatz gewesenen Pflegekräfte wurde je ein Baum gepflanzt. Es war eine bewegende Weise, dieser Menschen und ihrer Kämpfe zu gedenken, und zugleich war es ein handfestes Anknüpfen an die Heilkraft der Natur.

Jack war von Viktor E. Frankls Buch *... trotzdem Ja zum Leben sagen* zu der Aktion inspiriert worden. Der österreichische Neurologe, Psychiater und Holocaust-Überlebende spricht davon, wie wichtig es ist, einen Sinn im Leben zu haben. Eben diesem auch unter unmenschlichsten Bedingungen hervortretenden Lebenssinn verdankte es Frankl, dass er die Schrecken des Konzentrationslagers überlebte. Luca sah seinen Sinn in der Beziehung zu seiner Frau und seiner Tochter. Für andere liegt der Sinn in der Arbeit oder in Spiritualität und Religion, in ihrer persönlichen Entwicklung oder auch in ihrem Beitrag zur Gesellschaft. Wieder andere finden Sinn in Kreativität und künstlerischem Ausdruck, in Erfahrungen und Abenteuern oder in ihrem Vermächtnis. Jack hatte beobachtet, dass Menschen, die einen Sinn oder Hoffnung in ihrem Leben sehen, nach einer Intensivbehandlung eher wieder auf die Beine kommen.

Infolge der Coronapandemie schwanden Sinn und Hoffnung aus dem Leben und Sterben der Menschen. Jack wandte sich mit der Idee an die Wohltätigkeitsorganisation »Stump Up For Trees«, dass wir mit der Pflanzaktion Bedeutung stiften, unseren Patienten und Mitarbeitern gedenken und zugleich einen Teil des CO2-Fußabdrucks unserer Intensivstation ausgleichen könnten. Heute steht dort ein Wald mit 1400 heimischen Bäumen: Haselnuss, Wildkirsche, Schwarzdorn, Edelkastanie, Eiche und Weißdorn. »Wir brauchen eine Welt, in der es sich zu leben lohnt, und Biodiversität macht unser Leben ein Stück wertvoller«, sagte Jack mir an diesem Tag. Auf der Intensivstation läuft das Leben auf Hochtouren, es herrscht Dringlichkeit und Anspannung. Da tut es gut, einmal langsamer zu denken, indem man in die Natur eintaucht – mit dem Wissen, dass die von uns gepflanzten Bäume sich im Zeitraum von Jahrzehnten und nicht etwa im Sekundentakt verändern. Diese Erfahrung war mehr als nur eine Pflanzaktion, sie war ein bewegendes Gedenken für die Verstorbenen und ein therapeutischer Prozess für uns Hinterbliebenen.

Pflanzen und Gärtnern wird seit Langem mit positiven Auswirkungen auf die körperliche und psychische Gesundheit in Verbindung gebracht. Beim alljährlichen Hay Festival habe ich den wunderbaren James Wong kennengelernt, einen britischen Ethnobotaniker, der in den Londoner Kew Gardens ausgebildet wurde und walisische und malaysische Wurzeln hat. Bei dem zehntägigen Literaturfestival, einem »Woodstock des Geistes«, das die Stadt Hay-on-Wye jeden Mai in ein quirliges Zentrum der Kreativität und des Denkens verwandelt, waren wir beide als Podiumsgäste eingeladen.

James und ich traten in einer Comedy-Radiosendung der BBC auf, in der darüber diskutiert wurde, was wohl die »beste Medizin« der Welt sei. Ich plädierte dafür, dass Tiere die wirksamste Behandlungsmethode darstellen, hatte ich doch eben mein Buch *One Medicine* fertiggestellt, das die tief reichenden Bezüge zwischen der Gesundheit von Mensch und Tier untersucht. Ich war mir sicher, dass ich gewinnen würde – immerhin konnte ich mit tollen Fakten aufwarten und etwa berichten, dass Kängurus drei Vaginen haben und der Penis eines Blauwals drei Meter misst.

James jedoch überzeugte mit einer brillanten Alternative, gewann die Gunst des Publikums und holte den Sieg, indem er zeigte, wie wichtig die Natur für unser emotionales und körperliches Wohlbefinden ist. Gartenarbeit, so sagte er, sei eindeutig die beste Medizin. Wer sich mit Grün umgibt, baut Stress ab, senkt seinen Blutdruck und verbessert allgemein seine Stimmung. Die Möglichkeit zum Eintauchen und Abschalten ist besonders in Krisenzeiten wichtig, so wie während der Pandemie, als viele Menschen Trost und Erholung in der Natur suchten. Vielleicht war ich an diesem Tag beim Hay Festival gar nicht wegen der vielen wunderbaren Bücher oder wegen meiner dort versammelten Lieblingsliteraten oder wegen des überteuerten Eises so glücklich. Ich sei glücklich, meinte James, weil wir uns in der satten Natur von Mittelwales befanden, wo das Gras tatsächlich grüner ist.

Das menschliche Auge kann weitaus mehr Grüntöne als Schattierungen anderer Farben erkennen. Unseren Vorfahren ermöglichte dieses evolutionäre Merkmal, giftige von essbaren Pflanzen zu unterscheiden, bei uns Heutigen steigert die große Farbpalette unsere Wertschätzung für die Natur. James berichtete von einer interessanten Studie, bei der die Teilnehmer auf einem Laufband trainierten und dabei verschiedene Landschaften zu sehen bekamen. Während des Versuchs wurde ihr Stresslevel gemessen: Personen, die eine grüne Umgebung vor sich hatten, empfanden weniger Anstrengung, waren besser gelaunt und hatten ein gesteigertes Selbstwertgefühl im Vergleich zu den Probanden, die Schwarz-Weiß- oder Rotfilter-Bilder anschauten. Eine grüne Umgebung kann also offenbar unsere Wahrnehmung und Stimmung positiv beeinflussen.

Gemeinschaftsgärten wirken Vereinsamung und Isolation entgegen und bekämpfen damit Faktoren für eine schlechte psychische Gesundheit. Über die gemeinsame Gartenpflege wird auch bei introvertierten Menschen die soziale Interaktion angeregt. Natürlich sind diese Vorteile vielschichtig und individuell. Am wichtigsten ist wohl, einen eigenen Zugang zur Natur zu finden, sei es nun mit einem üppigen Garten oder einer Pflanze auf der Fensterbank. Oder wie bei meiner Tochter mit einer Pflanzaktion, bei der wir uns an die Verstorbenen der vergangenen Monate erinnerten, Hoffnung für die Zukunft fassten und den nächsten Geburtstagskuchen planten, für den ich hoffentlich rechtzeitig zu Hause wäre.

James gewann zwar, aber meine Niederlage schenkte mir die Erkenntnis, dass es da um mehr ging als Aufforstung. Das Pflanzen der Bäume war eine therapeutische Reise. Das Graben, die Erde an den Händen, das gemeinschaftliche Anpacken waren zutiefst heilsam. Wir teilten Trauer und Hoffnung. Die von uns gepflanzten Bäume sind ein Zeugnis der Widerstandskraft und Genesung und schaffen einen friedlichen Ort der Besinnung für das jetzige und das kommende Leben. Sie werden über Jahrzehnte und Generationen hinweg wachsen und zu einer gesünderen Umwelt beitragen, indem sie Ökosysteme beherbergen und für sauberere Luft sorgen. Die Initiative hebt den doppelten

Vorteil solcher Projekte hervor, dient sie doch dem Gedächtnis der Verstorbenen und zugleich der Gesundheit von Psyche und Umwelt. Darüber hinaus stützt sie sich auf fundierte Erkenntnisse, dass städtisches Grün die öffentliche Gesundheit erheblich verbessern kann. Denn Studien zeigen, dass ein größerer städtischer Baumbestand mit weniger Stress, niedrigeren Kriminalitätsraten und verbesserter psychischer Gesundheit korreliert. Das Baumprojekt ist ein Schritt hin zu einer nachhaltigeren und psychisch stabileren Gemeinschaft. Letztendlich war dieser mit meiner Tochter verbrachte Tag mitten in Wales, mitten im Wind, ein Tag der Verbundenheit – mit der Natur, miteinander und mit den Erinnerungen an die Verstorbenen. Auf einmal sprach ich mit Kollegen über schwierige Themen aus den dunklen Tagen der Coronazeit, was mir leichter fiel, weil ich ihnen nicht gegenüberstand und wir uns nicht direkt in die Augen sahen. Die gemeinsame Tätigkeit und die Umgebung bildeten eine beruhigende Kulisse, die es mir leichter machte, mich zu öffnen. Wir wurden daran erinnert, dass aus der Trauer auch etwas wachsen kann und aus Verlust neues Leben hervorgeht.

Wir wollten unserem Wald einen Namen geben, der seinen Zweck und seinen Geist widerspiegelt, und mit Blick auf unser gemeinschaftliches Erbe wünschten wir uns einen walisischen Namen. Der richtige Name, davon waren wir überzeugt, würde für die Erinnerung, den Frieden und die Dankbarkeit stehen, die wir mit diesem Wald ausdrücken wollten. Nach langem Überlegen grenzten wir unsere Auswahl auf vier Namen ein: *Coed Cofio* (Bäume zum Erinnern), *Llecyn Llonydd* (Friedlicher Ort), *Dail Diolch* (Laub der Dankbarkeit) und *Gwreiddiau Gobaith* (Wurzeln der Hoffnung). Mick, ein begabter Holzschnitzer aus der Nähe, kämpfte sich durch seine Long Covid-Erkrankung, indem er eine Bank aus heimischem Buchen- und Kastanienholz fertigte. Sie thront nun stolz oberhalb des Geländes, mit Blick über den wachsenden Wald. Vor Kurzem habe ich eben dort gesessen, neben der in das Holz eingelassenen Gedenktafel mit dem letztendlich ausgewählten Namen: *Gwreiddiau Gobaith*, Wurzeln der Hoffnung, der in die vielen Sprachen – Spanisch, Urdu, Polnisch, Portugiesisch ... – übersetzt ist, die von unserem Krankenhauspersonal gesprochen werden. Denn, wie sagte Jack zu mir: »Genauso wie die biologische Vielfalt in diesem Wald ist uns auch die menschliche Vielfalt wichtig.«

Manche Patienten oder Familien vergisst man nie. Kann sein, dass es besonders diejenigen sind, die einem selbst zu diesem Zeitpunkt am ähnlichsten erscheinen. Als meine Tochter drei Jahre alt war, wurde bei uns ein kleines Mädchen eingeliefert, das an seinen Brandverletzungen starb, mit drei Jahren. In der Woche, in der Aunty Win starb, musste ich zum ersten Mal einer Familie eine schlimme Nachricht überbringen, und es stellte sich heraus, dass sie im selben Dorf wie Win wohnte, nur eine Straße vom Haus meiner Tante entfernt. Oft drängt es mich, herauszufinden, wie das Leben dieser Menschen weiterging.

Es war einen Monat her, dass Luca nach London gebracht worden war, inzwischen hatten Hunderte weitere Patienten die Intensivstation durchlaufen. Ich dachte oft an Luca, seine Frau und seine Tochter. Er gehörte zu den Patienten, die wir als die mit ihnen Betrauten, im Gedächtnis behalten. Ich hatte vor, mich in London zu erkundigen, wie es Luca ging, ob er überlebt hatte. Aber die nicht endenden Einlieferungen, die Pandemie und mein Leben kamen mir dazwischen. Vielleicht aber wollte ich die Antwort nicht wissen. Viele sagen, dass es nicht die Verzweiflung ist, an der sie zerbrechen, sondern vielmehr die Hoffnung unerträglich ist. Ich bin anderer Meinung. Für mich liegt Kraft in der Ungewissheit, denn Ungewissheit birgt Hoffnung.

Ich erinnere mich noch gut daran, wie ich die Worte »Ich liebe dich« zum ersten Mal ausgesprochen habe. Ich bin in einer sehr herzlichen walisischen Familie aufgewachsen und habe sie dort unzählige Male gehört. Aber sie zum ersten Mal selbst auszusprechen, ist etwas Einzigartiges. Man versucht, den richtigen Moment abzuwarten, aber manchmal kommen die Worte unerwartet und überraschen den Adressaten genauso wie einen selbst.

Wenn »Ich liebe dich« die wichtigsten Worte im Leben sind, dann sind »Ich weiß es nicht« die wichtigsten in der Medizin. Dennoch werden sie selten verwendet. Ihre Stärke liegt in dem Eingeständnis, dass Ärzte nicht alles wissen und auch nicht alles wissen können. Dass erste Mal, dass ich meine Unsicherheit gegenüber der Familie eines Patienten zugab, war nach der Behandlung eines jungen Mannes, der an einer Sepsis gestorben war. Ich stand dort als Intensivmediziner, umgeben von modernsten Apparaturen, und konnte seiner Familie die einfachste und wichtigste Frage nicht beantworten. Seine Mutter mühte sich, die Situation zu begreifen, und fragte: »Warum er? Warum ist er gestorben?«

Die Medizin arbeitet oftmals mit mehreren Unbekannten. Dabei fordern uns Patienten und Familien immer wieder auf, die Zukunft vorherzusagen und fragen: »Wird sie überleben?« oder »Wann kann ich nach Hause?«. Wie kundige Meteorologen kombinieren wir wissenschaftliche Erkenntnisse, Erfahrungswerte und Intuition und schätzen daraufhin eine Wahrscheinlichkeit, von der wir hoffen, dass sie der Wahrheit entspricht.

Wenn nun eine Wettervorhersage eine Regenwahrscheinlichkeit von 90 Prozent angibt, der Himmel aber klar bleibt, war die Vorhersage nicht falsch, sondern es haben sich ganz einfach die restlichen 10 Prozent bewahrheitet. Der offene Umgang mit Unsicherheiten ermöglicht ein tiefergehendes Verständnis. Die Angabe einer Regenwahrscheinlichkeit von 90 Prozent mag uns veranlassen, einen Regenschirm mitzunehmen, die Aussage »Ich weiß es nicht« aber ist Ausgangspunkt für tiefergehende und differenziertere Gespräche.

Doch es gehört einiges dazu, einem Patienten oder Angehörigen in die Augen zu sehen und eben das zu sagen: »Ich weiß es nicht.« Es ist schwer, diese Worte über die Lippen zu bringen. Wir geben damit zu, dass unser Wissen begrenzt ist und auch unser medizinisches Verständnis an manchen Stellen unvollständig ist. Patienten und Familien erwarten von Ärzten eindeutige Antworten: Viele gehen fest davon aus, dass die moderne Medizin sie heilen kann und sind verwundert, wenn wir dazu nicht in der Lage sind.

Ein »Ich weiß es nicht« birgt auch Risiken. Denn es kann rutschig werden, wenn Unsicherheiten das feste Fundament der Vernunft ins Wanken bringen. Man gerät womöglich ins Straucheln oder verliert den Halt. Das Eingeständnis der eigenen Unsicherheit kann für Ärzte eine verwirrende Erfahrung sein, die zu tieferen Selbstzweifeln führt.

Doch steckt eben auch eine immense Kraft darin, nämlich die Kraft der Hoffnung, die eine Chance auf Genesung andeutet. Die drei aufrichtigen Worte wecken das Bestreben, das Unbekannte verstehen zu wollen. Und selbst wenn die Hoffnung schwindet und Antworten unerreichbar bleiben, ist vielleicht die Ehrlichkeit gegenüber sich selbst und dem Patienten an sich schon wertvoll – obwohl ich mir da nicht ganz sicher bin. Ich weiß es nicht.

Das Rätselraten sollte bald ein Ende haben. An einem wie üblich hektischen Freitagnachmittag wurde ein neuer Patient in meinen Bereich der Intensivstation gebracht. Er kam mit dem Krankenwagen und sah dünn und schwach aus, atmete aber selbstständig. Schlechter Zeitpunkt, dachte ich, ein neuer Patient kurz vor Dienstschluss, also komme ich wieder einmal spät nach Hause. Doch als ich den Flur entlangging, um die Übergabe zu übernehmen, erhaschte ich einen Blick auf den Hinterkopf des Patienten. Ich konnte es kaum glauben. Es war Luca. Zurück aus London. Zurück aus dem Tod. Noch jetzt, als ich diese Worte schreibe, muss ich lächeln.

Luca war von allen lebenserhaltenden Apparaten genommen worden, er hatte die Augen geöffnet, sein Blick irrte umher und er versuchte offenbar zu begreifen, wo er war und wer er war. Er sprach erst Italienisch, dann Englisch. Bruchstückhaft erzählte er mir von seinen irren Träumen, von den leblosen Models, die ihn umringt hatten, und von den Wespen, die ihn in die Beine gestochen hatten. Aber die beängstigendste Erinnerung war gar kein Traum und auch keine Wahnvorstellung, sondern der Anblick des Big Ben, als er zurück nach Cardiff gefahren wurde, ohne zu wissen, warum er in London gewesen war und was passiert war.

Lucas Erschrecken vor dem berühmten Uhrenturm war berechtigt. Der offiziell Elizabeth Tower genannte Turm liegt neben dem Regierungssitz, und der war während der Pandemie der gefährlichste Ort Großbritanniens – wohlgemerkt nicht für diejenigen, die darin saßen, politisches Schmierentheater spielten und ihre Privilegien missbrauchten, sondern vor allem gefährlich für die Sicherheit der Allgemeinheit, da es wiederholt zu Fehlentscheidungen gekommen war. Luca zeigte mir die letzte SMS auf seinem Handy von vor einem Monat, die da lautete: »Kann morgen nicht zur Arbeit kommen.« Im Gegensatz zu den Nachrichten der Politiker war sie nicht gelöscht worden.

Als Luca sich mit seinem Übergangszuhause im Krankenhaus von Cardiff arrangiert hatte, trat er, wie schon Jahre zuvor, in eine Fernbeziehung zu seiner Frau Aria. Diesmal waren die beiden nicht durch einen Ozean voneinander getrennt, sondern durch die Pandemie-beschränkungen, die Angehörigen den Zutritt zum Krankenhaus verwehrten. Luca sprach per Videoanruf auf Italienisch mit Aria und sagte ihr, dass er jetzt viel näher an zu Hause sei. Als das Gespräch zu Ende ging, bat ich Luca, mir sein Handy zu geben. Vielleicht waren es egoistische Gründe, aber ich wollte mit Aria reden, um dieser Geschichte für sie und für mich einen Sinn zu geben. Es war ein viel besseres Gespräch als das letzte Mal. Sie weinte erneut, aber diesmal aus freudigem Anlass. Im Anschluss blätterte ich durch Lucas alte Krankenakten auf meinem Schoß und fand die Seite von vor einem Monat mit dem von meinen Tränen verwischten Wort »Hoffnung«. Ich fragte mich, ob es beim Schreiben inzwischen nicht mehr darum ging, mich mitzuteilen, sondern etwas zu bewahren. Ich schlug eine frische Seite auf und schrieb:

Hallo Luca, ich habe heute noch einmal mit deiner Frau Aria gesprochen. Ich habe ihr gesagt, wie froh wir alle sind, dass du aus London zurück bist, nachdem du die ECMO-Therapie erhalten hast und nun nicht mehr lebensbedrohlich krank bist. Auch wenn noch ein langer, steiniger Weg der Genesung vor dir liegt, hast du zunächst einmal dein Leben wiedererlangt. Deine Frau hat ihren Mann und deine Tochter hat ihren Papa zurück. Und ich meine Hoffnung.

Ich erkannte Luca kaum wieder, als er zu dem am Wasser gelegenen Café geradelt kam, wo wir uns verabredet hatten. Es war fast fünf Jahre her, dass er beinahe gestorben wäre. Wir begannen mit Small Talk über das Wetter, bestellten Kaffee und stritten darüber, wer bezahlen sollte. Und dann redeten wir stundenlang.

»Mein Leben ist jetzt anders«, sagte Luca. »Ganz anders. Besser eigentlich. Ich bin froh, dass es passiert ist.«

Luca erzählte, dass sein Leben vor Corona sich wie ein Tagtraum angefühlt hatte. Er war ein Fahrgast im Zug seines Lebens, und die Wirklichkeit flog in verschwommenen Bildern vorbei – so verschwommen wie meine von Tränen verwischten Worte. Lucas Berührung mit dem Tod, die nachfolgende mühsame Genesung und die Wiedervereinigung mit seiner Familie haben dazu geführt, dass er nun im Jetzt lebt. Er ist durchs Zugfenster geklettert und in seinem eigenen Leben gelandet. Er gewann das scharfe Bewusstsein, lebendig zu sein.

»Ich bin aufgewacht«, sagte er mit einem Lächeln.

Luca hatte sich nur langsam erholt, war im Mai aus dem Krankenhaus entlassen worden und hatte im Oktober seine Arbeit wieder aufgenommen. Aber auch die Arbeit war nun eine andere.

»Ich bin weiterhin als Apotheker tätig, und ich mag meinen Job. Aber die wichtigste Aufgabe ist die Arbeit an mir selbst.«

Für mich war das ein ganz neuer Ansatz. Mir wurde klar, dass uns das Leben immer mehr aufgibt als die Zeit erlaubt. Die aufgezeichnete Menschheitsgeschichte umfasst gerade einmal sechzig Lebensspannen von einhundert Jahren. Das macht deutlich, wie kurz unsere Zeit hier ist: Wir werden niemals alles schaffen, wir sind nur kleine Rädchen. Anstatt wie Steve Jobs eine »Delle ins Universum hauen« zu wollen, schreibt Oliver Burkeman zum Ende seines Buchs, sei es doch viel wichtiger, einen irgendwie gearteten, kleinen Beitrag zur Verbesserung der Umwelt, des Zusammenlebens oder der politischen Kultur zu leisten.

In den 4000 Wochen, die mein Leben dauert, sind 1800 Wochen berufliche Tätigkeit enthalten. Eintausendachthundert. Wenn man seine Karriere auf diese einfache Zahl eindampft, bewegt man sich womöglich anders von einem Jahr zum nächsten und gewinnt einen anderen Blick auf die Zeit, die Menschen und einen selbst. Wir müssen und können die Welt nicht schultern. In diesem kurzen Leben und noch kürzerer Jobkarriere sollten wir das Glück der guten Tage annehmen und die schlechten Tage als Erfahrung verbuchen. Eine Zeitmanagementstrategie ist dann sinnvoll, wenn sie uns hilft, Unbedeutendem keine Aufmerksamkeit zu schenken.

Luca hat das verstanden. Nach seiner Entlassung aus dem Krankenhaus fing er an, Bücher zu verschlingen. »Das erste Buch, das ich gelesen habe, nachdem ich wieder zu Hause war, war deins – *Critical.*«

Critical ist mein erstes, kurz vor der Pandemie erschienenes Buch. Es gewährt Einblicke in den Krankenhausalltag und zeigt, welche medizinischen Entscheidungen und Lebensgeschichten hinter der Hochrisiko-Welt der Intensivmedizin stecken. Für Luca war es keine leichte Lektüre, weil er vieles selbst erlebt hatte. Es war gelebte – oder eher gestorbene – Erfahrung. Aber Luca wollte begreifen, was sein Körper und sein Geist durchgemacht hatten. Als ich ihn nun bei einer Tasse Kaffee darüber sprechen hörte, war ich tief bewegt, bemühte mich aber, es mir nicht anmerken zu lassen. Niemals hätte ich gedacht, dass das, was ich vor Jahren über meine Erfahrungen mit ganz ähnlichen Patienten wie Luca niedergeschrieben hatte, für meine zukünftigen Patienten von so großer Bedeutung sein könnte. Ich holte ein Blatt Papier hervor, auf dem ich meine Gedanken zu

Luca festgehalten hatte. Es fühlte sich richtig an, dass ich Luca nun die Worte vorlas, die ich ihm geschrieben hatte, als er zu krank war, um sie zu hören. Schließlich wollte ich nicht über, sondern an meine Patienten schreiben. »Danke, dass du meine Geschichte aufgeschrieben hast«, sagte er, nachdem er sie aufmerksam durchgelesen hatte.

In der Ferne sah ich eine weiße Kirche, die mich an einen anderen Geschichtenschreiber erinnerte, der das Leben von Millionen Menschen, darunter auch das meiner Kinder, durch seine Bücher bereichert hat. Eine meiner Lieblingsfragen an junge Ärzte während der Visite ist die nach dem Zusammenhang zwischen Cardiff, dem *Big Friendly Giant* und der Intensivmedizin. Überraschenderweise wissen nur wenige, dass das einen guten Kilometer von unserem Krankenhaus entfernte ehemalige Dorf Llandaff, in dem die weiße Kathedrale steht, die Heimat des weltberühmten Kinderbuchautors Roald Dahl war. Er wurde in Cardiff geboren und in der norwegischen Kirche in Cardiff Bay getauft – eben dem Hafenviertel, in dem Luca und ich jetzt saßen. Doch Dahls Vermächtnis reicht weit über seine literarischen Errungenschaften hinaus. Was vielen nicht bekannt ist: Angespornt durch private Tragödien hat der Schriftsteller wertvolle Beiträge zur Medizin geleistet.

Roald Dahls Leben war zwar privilegiert, aber von frühester Kindheit an von tiefen Schicksalsschlägen geprägt. Seine Schwester erlag im Alter von drei Jahren einer Sepsis infolge eines Blinddarmdurchbruchs. Während des Zweiten Weltkriegs, in dem Dahl als Pilot der Royal Air Force diente, entkam er nur knapp dem Tod, als er mit dem veralteten Doppeldecker »Gloster Gladiator« in der ägyptischen Wüste notlanden musste und sich schwerste Kopf- und Gesichtsverletzungen zuzog. Besonders erschütternd waren die fünf Jahre von 1960 bis 1965. Sein drei Monate alter Sohn Theo erlitt eine Hirnverletzung, als in New York ein Taxi seinen Kinderwagen überfuhr. 1962 starb seine siebenjährige Tochter Olivia an den Folgen einer Maserninfektion, die sich auf ihr Gehirn ausgebreitet und eine Enzephalitis verursacht hatte. Zu allem Unglück erlitt Dahls Frau, die Schauspielerin Patricia Neal, während der Schwangerschaft mit ihrem fünften Kind einen schweren Schlaganfall.

Dahl begegnete jeder Krise mit bemerkenswerter Entschlossenheit. Um den Hydrozephalus seines Sohnes zu behandeln, eine Erkrankung, die zu einer Ansammlung von Flüssigkeit im Schädelinnern führt, arbeitete Roald Dahl mit dem Hydraulikingenieur Stanley Wade und dem Neurochirurgen Kenneth Till zusammen. Sie entwickelten das Wade-Dahl-Till-Ventil (WDT), ein Gerät, das die Behandlung des Hydrozephalus erheblich verbesserte, indem es Verstopfungen in den Abflusswegen des Gehirns verhinderte. Die Erfindung hat Tausenden Kindern weltweit geholfen.

Der Tod seiner Tochter Olivia traf Dahl schwer und machte ihn zu einem leidenschaftlichen Impfbefürworter. Der Olivia gewidmete *Big Friendly Giant* (*Sophiechen und der Riese*) wurde vierzehn Jahre nach der Einführung des Masernimpfstoffs veröffentlicht, der sie hätte retten können. 1986 verfasste Dahl einen eindringlichen Aufruf zur flächendeckenden Impfung – der Brief wird noch heute in Kampagnen des öffentlichen Gesundheitswesens verwendet, um die Wichtigkeit von Impfungen zu betonen.

Dahls Engagement für den medizinischen Fortschritt hörte damit nicht auf. Enttäuscht von der unzureichenden Nachsorge seiner Frau nach ihrem Schlaganfall, entwickelte er ein intensives Reha-Programm, das maßgeblich zu ihrer Genesung beitrug. Patricia Neal erlangte ihre Sprach- und Bewegungsfähigkeit zurück, konnte sich erneut der Schauspielerei widmen und wurde drei Jahre nach ihrem Schlaganfall für einen Oscar nominiert. Der innovative Ansatz des Paares legte den Grundstein für moderne Reha-Maßnahmen und beförderte die Gründung der britischen Schlaganfall-Hilfe *Stroke Association*. Roald Dahls Geschichte erinnert uns daran, dass ein Schriftsteller die Welt nicht nur durch Worte, sondern auch durch sein Handeln verändern kann. Seine aus privaten Tragödien hervorgegangenen medizinischen Erfindungen retten und verbessern noch heute das Leben vieler Menschen und zeigen, was ein Einzelner in ganz verschiedenen Bereichen bewirken kann.

Luca hatte Sinn in seine Geschichte gebracht, und von da aus konnte er planen, wohin ihn sein Lebensweg noch führen sollte.

»Als ich begriffen hatte, was passiert war, wollte ich besser werden. Besser als vorher.«

Nachdem er mein Buch durchgelesen hatte, schärfte sich sein Geschmack in Sachen Literatur. Er kaufte unzählige Selbsthilfebücher, Bücher über Persönlichkeitsentwicklung und Selbstverbesserung. Bücher veränderten nicht nur Lucas innere Stimme, nahmen ihm seine Schüchternheit und machten ihn freimütiger im Äußern seiner Meinung – sie verwandelten nach und nach auch seinen Körper. Lucas übermenschliche Fähigkeit besteht nun darin, dass er um fünf Uhr morgens aufsteht und Sport treibt, um die knappe Zeit zu nutzen, die ihm als vielbeschäftigter, zweifacher Vater bleibt: Denn Sofia hat inzwischen eine kleine Schwester, Grazia. Worte waren ihm ein fantastischer Ansporn. Worte haben Kraft.

Nachdem ich mich mit James Wong über die Kraft der Natur ausgetauscht hatte, traf ich mit Professor Neil Frude auf einen weiteren Diskussionsteilnehmer des Hay Festivals. Als klinischer Psychologe mit einer Leidenschaft für Bücher hat er die »Bibliotherapie« als wirkungsvolles Instrument zur Behandlung psychischer Erkrankungen entdeckt. Dieser innovative Ansatz nutzt die transformative Kraft der Literatur, um Menschen mit psychischen Problemen Trost, Orientierung und ein Zugehörigkeitsgefühl zu vermitteln.

Dabei ist Frude nicht der Erste, der die Kraft von Büchern in eine physische Realität verwandelt hat. Der mexikanische Architekt und Künstler Jorge Méndez Blake ließ 2007 mit seinem Kunstprojekt »The Castle« Literatur zur Skulptur werden. Auf den ersten Blick ist Blakes Installation eine lose, ohne Mörtel aufgeschichtete Backsteinmauer. Bei näherer Betrachtung erkennt man jedoch eine leichte Wölbung in der Mitte der 23 Meter langen Konstruktion. Geht der Blick von dort nach unten, sieht man, dass die Ursache für diese Welle ein unter der Wand eingeklemmtes Buch ist. Zwischen dem Boden und der ersten Ziegelschicht liegt ein Exemplar von Franz Kafkas *Das Schloss*. Hier würdigt ein architektonisch geprägter Künstler und Literaturliebhaber den Schriftsteller Kafka, indem er dessen Roman als Grundlage nimmt und so das kleine Buch die Form der monumentalen roten Backsteinmauer bestimmt. Worte haben wirklich Macht. Dies ist umso ergreifender, wenn man bedenkt, dass Kafka nie beabsichtigte, sein Werk zu veröffentlichen. Erst nach seinem Tod wurde *Das Schloss* von seinem Freund Max Brod herausgegeben. Blakes Kunst offenbart die Kraft eines einzelnen Buchs, die gewaltige Wirkung einer kleinen Idee, auch wenn die

Worte mit leiser, zurückhaltender Stimme geflüstert werden. Die stillste Person im Raum hat oft am meisten zu sagen.

Neil Frude nutzt die physische Wirkung von Büchern auf andere Weise. Er setzt sie nicht für Kunst, sondern als praktische Hilfe für Patienten ein. Sein Projekt »Books on Prescription« (»Bücher auf Rezept«) könnte Psychologen eine ganz neue Herangehensweise an die Therapie eröffnen. Das von der Regierung unterstützte Programm fußt auf Frudes umfangreicher Forschung und klinischer Erfahrung und macht sich für die Idee stark, dass Ärzte auch Selbsthilfebücher anstelle von Tabletten verschreiben und damit kostengünstige, frei verfügbare und nicht stigmatisierende Hilfen anbieten könnten. Die Patienten befassen sich mit Erzählungen und Ratschlägen, die ihre Erfahrungen widerspiegeln und praktische Strategien zum Umgang mit Erkrankungen wie Depressionen, Angstzuständen und Stress vorstellen. Die Bücher sind bei leichten bis mittelschweren Erkrankungen genauso wirksam wie teure Medikamente – und haben keinerlei Nebenwirkungen.

Gerade bin ich von unserem jährlichen Familienausflug zum Hay Festival zurückgekommen. Diese Tradition haben wir begonnen, als sich meine Tochter noch für Julia Donaldsons *Der Grüffelo* begeisterte, inzwischen aber hat sich ihr Geschmack in Richtung »Young Adult« bewegt und sie liest Teenager-Schmöker über Liebe, Sex und Mord.

Genauso traditionell wie der Ausflug waren die üblichen Regenschauer, die uns zu den überdachten Liegestühlen scheuchten, wo wir etwas aßen und lasen und ich mit diesem Text begann. Dieses Festival ist ein Eintauchen in Worte: Worte der Hoffnung, Zukunftswünsche und Hilferufe aus Kriegsgebieten. Worte, die uns um Verständnis bitten und Worte, die uns ein Lächeln entlocken. Geschrieben und gesprochen wurden diese

Worte in diesem Jahr bei mehr als 800 Veranstaltungen innerhalb von elf Tagen. Zu den 700 Gästen gehörten unter anderem Bonnie Tyler und Theresa May (zum Glück wurde nicht getanzt). Tausende Bücher wurden verkauft, die 300 000 Besucher des Festivals lasen jeden Tag Millionen an Wörtern.

Doch diese Zahlen werden von einem einzigen Tag im Krankenhaus in den Schatten gestellt. Im Krankenhaus finden täglich mehr Behandlungen statt als Veranstaltungen beim Hay Festival, es gibt mehr Patientenkontakte hier als Reden dort, und über Patienten werden mehr Worte geschrieben als Lesefestbesucher zusammenkommen. Aber die Medizin vergisst oft die Kraft einfacher Worte, sie ist abgelenkt durch die Betonung von Kommunikationsfähigkeit, Simulationstraining und Humanfaktoren. Diese Dinge sind wichtig, doch sollten dabei nicht die Millionen geschriebenen Wörter vergessen werden, mit denen Patienten und Personal tagtäglich zu tun haben.

Zusammen mit dem walisischen Künstler Nathan Wyburn habe ich auf die schädlichen Auswirkungen von Hassrede auf das Gesundheitspersonal aufmerksam gemacht. In seiner Kunstinstallation »Words Bruise« (»Worte verletzen«) ist das gerötete Gesicht eines Krankenhausmitarbeiters aus Hunderten von negativen Wörtern und Ausdrücken gebildet, die über soziale Medien gepostet wurden. Zugleich verwenden eben diese Mitarbeiter in ihrer täglichen Arbeit oftmals gut gemeinte Floskeln, die Patienten verletzen können.

Leider findet man in Patientenakten Begriffe wie »ans Haus gefesselt«, »Bettenblockierer« und Patienten, die »über etwas klagen«, anstatt davon betroffen zu sein. Übel ist auch die im Englischen gebräuchliche Bezeichnung »poor historian« für Patienten, die keine klare Angaben zu ihrer Krankengeschichte machen können. Wir vergessen dabei offenbar, dass es sechs Jahre

Studium und ein Jahrzehnt Ausbildung in einer Klinik erfordert, um Facharzt zu werden – und auch diese haben manchmal Schwierigkeiten, eine Anamnese zu formulieren, und sind dabei wohlgemerkt nicht schwer erkrankt. Es ist fast so, als würden wir von Patienten erwarten, dass sie sich, während sie ums Überleben kämpfen, noch als Kommunikationswunder und Medizinexperten hervortun. Mein persönlicher Erzfeind, den ich am liebsten umbringen würde (womit es dann zugehen würde wie im neuesten Buch meiner Tochter), ist die »Maximaltherapie«. Die Pflege eines Patienten ist immer maximal, auch wenn die Behandlungsmöglichkeiten Grenzen haben. Mich stört die Vorstellung einer Hierarchie der medizinischen Maßnahmen, denn sie suggeriert, dass Behandlungen auf niedrigerer Ebene irgendwie schlechter wären als die darüber, womit die »besten« Therapien ganz oben stehen würden.

Tatsächlich ist es doch so, dass der Großteil meiner Patienten manche, aber nicht alle Medikamente bekommt und an manche, aber nicht an alle Apparate angeschlossen wird. Nach Abwägung von Therapienutzen und Patientenwohl kommen wir oft zu dem Schluss, dass mehr Medikamente sich eher negativ als positiv auswirken. Genauso ist es mit dem Einsatz immer komplexerer Maschinen, der oftmals nicht die beste, sondern die schlechteste Lösung ist. Der Ausdruck »Maximaltherapie« ist also nicht nur ungeschickt, sondern verfestigt zudem die Vorstellung, dass mehr immer besser ist.

Der Brief an meine Tante Win war nicht der erste Brief an eine mir liebe Person. Während der Coronapandemie hörte ich in den Medien immer wieder Aussagen nach dem Motto: »Keine Sorge, es sterben nur alte, gebrechliche oder vorerkrankte Menschen.« Dabei gehören diese Menschen doch zum Kern unserer

Gesellschaft. Sie sind meine Patienten, meine Freunde, meine Familie. Sollte ich mir etwa keine Sorgen um sie machen? Sollten wir sie einfach vergessen?

Ich kam an diesem Abend spät nach Hause, im Krankenhaus hatten wir noch eine lange, beängstigende Besprechung zu den Pandemiemaßnahmen auf unserer Intensivstation abgehalten. Ich ließ mich auf ein altes Ledersofa in unserem unaufgeräumten Gästezimmer fallen, das als Abstellkammer für aussortierte Stühle und Fotoalben dient. Ich sah durchs Fenster in den dunklen Himmel und dachte an den Bruder meiner Frau, der im Rollstuhl sitzt. Ich dachte an meine Freunde, die mit Krebs leben. Ich dachte an meine Eltern, die die durchschnittliche Lebenserwartung bereits überschritten haben.

Ich wollte diesen Menschen etwas mitteilen, ich wollte ihnen sagen, was sie womöglich erwartete. Ich holte meinen Laptop hervor, fing in schnellem Tempo an zu tippen, machte unzählige Rechtschreibfehler, hob aber die Finger nicht ein Mal von der Tastatur. Knapp zwei Minuten brauchte ich für meinen Brief. Die Worte flossen, weil sie wahr und einfach und aufrichtig waren. Ich schickte den Text per SMS an meinen Schwager, meine Eltern und meine Freunde. Dann ging ich schlafen.

Als ich am nächsten Morgen aufwachte, entdeckte ich auf meinem Handy lauter verpasste Anrufe und Nachrichten. Mein an eine Handvoll Personen adressierter Brief war inzwischen von unzähligen Menschen gelesen worden. Bald darauf standen internationale Medien vor meiner Haustür, innerhalb einer Woche wurde mein Text von über einer halben Million Menschen weltweit gelesen und nach einer Ausstrahlung im Fernsehen drei Millionen Mal angesehen. Schlechte Worte zerstören. Gute Worte heilen.

In dem Brief stand:

An alle älteren, gebrechlichen, gefährdeten oder an schweren Vorerkrankungen leidenden Menschen: Wir haben euch nicht vergessen.

Es muss schmerzen, endlose Nachrichtenberichte zu hören, die mit den Worten enden: »Keine Sorge, diese Krankheit betrifft hauptsächlich ältere, gebrechliche, gefährdete oder schwer erkrankte Menschen.« Was ist, wenn man zu dieser Gruppe gehört?

Wir Intensivmediziner setzen alles daran, Probleme zu lösen, die gelöst werden können. Doch oft begegnen wir Patienten wie euch, die mit Problemen zu uns kommen, die nicht so einfach gelöst werden können. Da das Virus die Welt weiter im Griff hält, werden wir noch vielen Patienten eurer Personengruppe begegnen. Wir verfügen zwar über moderne Geräte, wirksame Medikamente und engagierte, fähige Mitarbeiter, doch können diese Dinge nicht jede Krankheit heilen. Sie verschaffen uns lediglich Zeit. Zeit, in der wir herausfinden, wo der Fehler liegt, in der wir eine Behandlung beginnen und sich der Zustand unserer Patienten bessert. Es kommt aber auch vor, dass wir bereits wissen, wo der Fehler liegt – und zugleich wissen, dass es keine wirksame Behandlung gibt. Dann können unsere Apparate nur wenig ausrichten, und auch eine Intensivbehandlung wäre aussichtslos. Aber noch ist die Hoffnung nicht verloren. Wir haben euch nicht vergessen.

So schwer es auch ist, wir wollen ehrlich sein. Wir werden weiterhin alle Behandlungen anwenden, die Erfolg versprechen und euch vielleicht helfen, wieder ihr selbst zu werden. Wir werden Sauerstoff, Infusionen, Antibiotika und alles andere einsetzen, was helfen könnte. Aber wir werden nichts tun, was nicht hilft. Wir werden keine Maschinen einsetzen, die Schaden anrichten können. Wir werden euch nicht wiederbeleben, wenn euer Herz aufhört zu schlagen. Denn diese Maßnahmen helfen nicht. Sie werden euch nicht wieder zu dem machen, der ihr seid.

Und wenn all das nicht ausreicht, werden wir bei euch und eurer Familie sein. Wir werden ehrlich sein, wir werden eure Hand halten. Wir werden da sein. Wir werden euch nicht heilen können, aber ganz bestimmt werden wir uns weiterhin um euch kümmern. Wir haben euch nicht vergessen.

Mit freundlichen Grüßen
Die Intensivstation

Nachdem Luca und ich stundenlang gesprochen hatten, stellte ich ihm meine letzte Frage: »Was würdest du dem alten Luca sagen, bevor er sterbenskrank wurde?«

»Zwei Dinge würde ich ihm sagen. Zum einen: Sei präsent in deinem Leben. Das Leben kann einen eiskalt erwischen. Wie bei einem Schuss, den man nicht hört, sondern erst spürt, wenn man getroffen wurde. Das Leben geschieht ohne Vorwarnung.«

Präsent zu sein bedeutet nicht, dass man alle Probleme der Welt lösen muss. Wie in dem polnischen Sprichwort gilt oftmals eben auch: »Nicht mein Zirkus, nicht meine Affen«. Aber aufmerksam durchs Leben zu gehen, hilft einem über unebenes Gelände, über die Risse und unerwarteten Wendungen, die das Leben ausmachen.

»Und zum anderen würde ich ihm raten: Wähle die Worte, die du sagst und liest, mit ebenso viel Bedacht und Sorgfalt wie die Medikamente, die ich bei meiner Arbeit ausgebe. Worte sind wichtig, und besonders die, die man zu sich selbst sagt.«

Was mich angeht, so schreibe ich auf, was ich nur schwer sagen kann, aber dennoch mitteilen möchte. Ich habe das Glück, über meine Bücher sprechen zu können. Doch gehören Worte nicht nur Autoren. Jeder kann und sollte schreiben. Tun wir es doch einfach. Nehmen wir das geschriebene Wort in uns auf und lassen zu, dass es uns verändert. Gerade in der wissenschaftsbesessenen, technisierten Welt der Medizin sollte man sich immer wieder daran erinnern, dass wir im Kern alle aus Geschichten bestehen. Wenn man in mein Inneres schaut, habe ich dort nicht nur Organe und Blut, sondern auch lauter Worte. Genau wie wir alle.

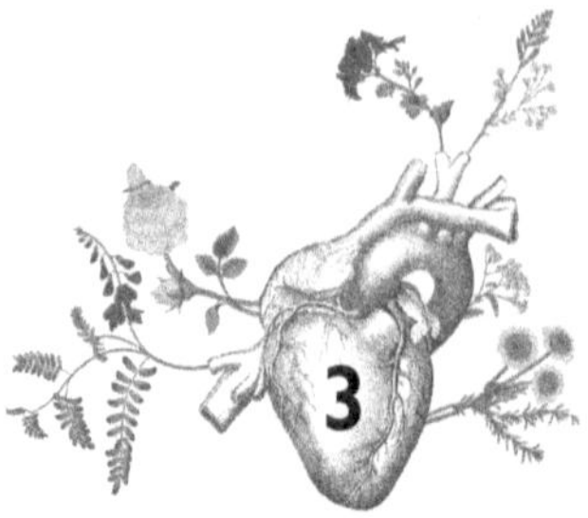

ROTER STAUB

Cody, vierzig
Todesursache: Drogen
Lebensursache: Lebe für die Augenblicke, nicht die Dinge

Es gibt zwei harte Zeiten im Leben: Der Tag, an dem einem klar wird, dass sich die eigenen Träume nicht erfüllen werden, und der Tag, an dem sie erfüllt sind. Codys Leben hatte alles, doch es bedeutete nichts. Also verschwand er in den roten Staub Australiens, um etwas zu finden. Mein Leben bedeutete alles, doch auch ich ging fort, um nach etwas anderem zu suchen.

Codys Geschichte ist schon viele Male erzählt worden, seit Europäer an der Küste Australiens landeten und beschlossen, den Kontinent ihr Zuhause zu nennen. Codys Ururgroßvater war aus der kohleverdreckten Armut meiner Heimat Südwales in den golddurchzogenen Reichtum im 1450 Kilometer entfernten New South Wales geflohen. Die Kohle, mit der man die industrielle Revolution anfeuerte, wurde zwar »schwarzes Gold« genannt, doch den Familien, die es aus dem walisischen Boden gruben, brachte es wenig Glanz in ihre Hütten. Mit dem gelben

Gold jedoch, das man in Australien finden konnte, ließ sich ein Dasein voller Entbehrungen in ein Leben voller Versprechen verwandeln.

Drei Generationen später sollte ein achtzehnjähriger Schulabbrecher namens Cody mit einem anderen Stoff aus den Gruben Westaustraliens zu Reichtum kommen. Geschichte mag sich nicht wiederholen, aber sie ähnelt sich. Der unstillbare weltweite Technikhunger führte zu einem Lithiumrausch, dem man nachkam, indem man das Land der australischen Ureinwohner weiter dezimierte. Teenager wie Cody sahen keinen Anlass, in der Schule zu büffeln, konnten sie doch mehr verdienen als ihre Lehrer, wenn sie mit einem Laster durch die staubige rote Wüste brausten und das weiße Gold aufluden.

Cody gab sich selbst ein Versprechen, als er die Schule verließ: Er wollte hart arbeiten, schlau sein und den Kopf einziehen, bis er all das hätte, was seine Familie nie besaß. Er stellte sich vor, wie er eines Tages glücklich in seinem schönen Haus sitzen würde, mit Blick auf seinen makellosen Vorstadtrasen, am Handgelenk eine teure Uhr und am Ohr das neueste, mit dem von ihm geborgenen Lithium betriebene Handy. Mit seinem Pick-up führe er dann zu seinem Boot, um nach dem Ausflug in seinen schneeweißen Sneakern an seinen doppelten, gut gefüllten Kühlschrank zu treten und sich ein kühles Bier zu genehmigen. Nach zwanzig Jahren Schufterei sollte es Cody dorthin schaffen. Und als der Tag da war, kurz nach seinem vierzigsten Geburtstag, starb er – denn er entdeckte, dass es immer noch nicht genug war.

Zum ersten Mal begegnet bin ich Cody im Royal Perth Hospital. In der Notaufnahme der innerstädtischen Klinik stoßen Hightech-Medizin, engagierte Pflege und gesellschaftliche Ausgrenzung in einem flirrenden Aufruhr aufeinander. Die menschlichen Auswirkungen kolonialer Ausbeutung liegen hier offen zutage: Drogen, Armut und Freiheitsbeschränkungen sind genauso an der Tagesordnung wie hoher Blutdruck. Und haben oftmals dieselbe Ursache. Doch wird das Krankenhaus trotz Anspannung und Chaos seinem Motto – »Servio« – gerecht. Ich arbeitete dort mit einem unglaublichen Team zusammen, das sich für das Haus und seine Gemeinschaft und Zukunft einsetzt. Es ist ein außergewöhnlicher Ort.

Cody hatte einmal ein anderes Leben geführt. In der Schule war er sportbegeistert, ein talentierter Kurzstreckenläufer und Basketballspieler. Doch irgendwann kam er mit den falschen Leuten zusammen, und all das fand ein Ende. Sein Leben kreiste bald nur noch um seine sechsköpfige Gang, mit den Jungs verbrachte er den Großteil seiner Zeit. Wir vergessen oftmals, welchen Einfluss unsere Umgebung auf uns haben kann. Die Menschen, die uns nahestehen, die Orte und Gemeinschaften, in die wir eingebunden sind, bilden unseren gewohnten Hintergrund, sie sind wie die Luft zum Atmen. Wir sind eins mit ihnen. Und wenn wir es nicht sind, wenn wir uns stark von ihnen unterscheiden, fühlen wir uns schnell fehl am Platz. Geraten wir mit bestimmten Personen in Konflikt, kann es hilfreich sein, auf Distanz zu gehen. Schon George Bernard Shaw wusste ja: »Raufe niemals mit einem Schwein. Du wirst nur dreckig, und dem Schwein gefällt es auch noch.«

In der Schule bekam Cody bald Schwierigkeiten. Erst wurde er vom Basketballteam ausgeschlossen. Dann geriet er in eine unglückliche Schlägerei. Am Ende kam die Polizei. Als er im Park einen Aushang entdeckte, auf dem ein toll bezahlter Job als Minenarbeiter angeboten wurde, für den man nur einen Führerschein benötigte, traf das Cody zur falschen Zeit am falschen Ort. Er war fest entschlossen.

Seine Arbeit bestand darin, abgelegene Bergbaustandorte mit dem Lkw abzufahren. Drei Wochen arbeitete er durch, für eine Woche flog er nach Hause. Abgesehen von dem Geld auf seinem Konto brachte ihm die Arbeit keine Befriedigung, Die Zeit zu Hause verbrachte er mit Dauerkater, er feierte nächtelang, gab sich spendabel und ängstigte sich vor dem nächsten Morgen. Es waren kurze Freuden, aber als seine neue goldene Uhr ihren Glanz verloren hatte, wusste Cody, dass er verloren war. Er trank immer mehr. Aus Bier wurde Hochprozentiges, aus Hochprozentigem Drogen.

»Es war an meinem Geburtstag. Ich bin morgens aufgewacht und dachte, es müsste doch ein richtig schöner Tag werden. Mein neuer Pick-up war gerade geliefert worden, und ich hatte zwei Wochen frei. Ich dachte, ich hätte alles. Und dann wurde mir klar, dass ich nichts hatte.«

Also trank, rauchte, spritzte und schnupfte er weiter, und dann starb er, in einer von rotem Staub bedeckten Buschlandschaft, umgeben von Fremden. Herzlichen Glückwunsch. Was Cody nicht wusste: Manchmal, wenn man tief im Dunkeln feststeckt, mag man meinen, dass man begraben wurde, tatsächlich aber wurde man gepflanzt.

»Ich habe so manchen Mann gesehen, dessen Gold in Rauch aufging, Sie aber sind der Erste, der Rauch in Gold verwandelt.« Diese Worte soll Königin Elisabeth die Erste an Sir Walter Raleigh gerichtet haben, als der vor vierhundert Jahren am englischen Hof den Tabak einführte. Die aus dem Andenhochland, also aus Bolivien und dem Norden Argentiniens stammende Pflanze *Nicotiana tabacum* wird seit 6000 v. Chr. genutzt. Bei seiner Ankunft in der Neuen Welt im Jahr 1492 maß Christoph Kolumbus den Tabakblättern zunächst keinen großen Wert zu. Es war eines seiner spanischen Besatzungsmitglieder, Rodrigo de Jerez, der ihr Potenzial erkannte, als er auf Kuba auf rauchende Einheimische stieß. Die moderne Zigarette, wie wir sie kennen, entstand 1830, als die südamerikanische »Papelate« in Frankreich populär wurde.

Unsere heutige Beziehung zum Rauchen spiegelt die alten Bräuche der Maya. Für manche ist es ein quasireligiöses Ritual, eine tröstliche Pause vom Alltag. Dabei ist Tabak die gefährlichste Pflanze der Welt, und Rauchen ist weltweit die häufigste Ursache für vermeidbare Todesfälle. Jährlich sterben fast 8 Millionen Menschen an den Folgen des Rauchens, 10 Prozent davon durch Passivrauchen. Tabakbedingte Krankheiten sind für jeden fünften Todesfall verantwortlich, wobei Raucher in der Regel zehn Jahre früher sterben als Nichtraucher.

Ein Drittel der Aufnahmen auf die Intensivstation hängen mit Substanzmissbrauch zusammen und verursachen damit 40 Prozent der Kosten. Hiervon sind fast 15 Prozent tabakbedingt und übertreffen damit Alkohol und illegale Drogen, die jeweils mit 9 und 5 Prozent zu Buche schlagen.

Cody hatte nicht vor zu sterben. Er hat nur nach einem Sinn gesucht, zuerst im Alkohol, dann in Crystal Meth und dann im Kokain. Als er dann auf die vierzig zusteuerte, geriet er wie viele von uns (auch ich) in eine Existenzkrise. Mit zwanzig möchten viele Millionär sein. Doch die meisten Millionäre möchten wieder zwanzig sein. Bei meiner Arbeit auf der Intensivstation, umgeben vom Tod, werde ich daran erinnert, dass die wirklich wichtigen Dinge gar keine Dinge sind. Die meisten gelangen erst beim runden Geburtstag oder durch ein einschneidendes Ereignis zu dieser Erkenntnis.

Die Menge an Drogen, die Cody benötigte, um ihm einen Lebenssinn vorzutäuschen, war zu viel für seine Herzkranzgefäße. Sein letzter Zug Kokain löste sich in den Blutgefäßen seiner Nase, raste im Blutstrom zum limbischen System seines Gehirns und produzierte dort ein flüchtiges Gefühl des Einsseins. Doch dann erreichte die Droge sein Herz und schlug dort zu wie die Steinbrecher in Codys Bergwerk. Der Krampf unterbrach die Blutversorgung zu seinem überanstrengten Herz, das ohnehin schon nach Sauerstoff gierte. Cody hatte einen schweren Herzinfarkt und starb an einem Herzstillstand. Während sein Trinkkumpan bei 40 Grad im Schatten Wiederbelebungsversuche startete und ihm wiederholt auf den Brustkorb drückte, nahmen die Auswirkungen der Droge allmählich ab und Codys Herz konnte wieder schlagen. Zwanzig Minuten später wurde Codys mit dem Tode ringender Körper zu uns in die Notaufnahme gebracht.

Bis meine Lebensuhr die vierzig hinter sich ließ, hatte es keine Auswanderungspläne gegeben. Wir genossen den modernen Luxus, dem Cody nachgeeifert war, wenn auch ohne australischen Sonnenschein. Ich mochte meine Arbeit als Arzt und Autor. Meine Familie wohnte in erreichbarer, meine Freunde in unmittelbarer Nähe. Meine Frau mochte ihre Arbeit als Lehrerin an der Grundschule in unserem kleinen Vorort. Unsere Töchter kamen in der Schule gut zurecht. Wir hatten einen Hund, den wir liebten, und eine Katze, die uns hasste. Und all das bedeutete nichts. Wir hatten einen Sinn, wir hatten Sicherheit und Stabilität. Ein vorhersehbar gutes Leben. Und genau das war das Problem.

In seinem Buch *Look Again* spricht der Harvardprofessor Cass Sunstein davon, dass ein erfülltes, ein sogenanntes »gutes« Leben, von drei entscheidenden Faktoren geprägt ist: Dinge, Bedeutung und Abwechslung.

Die greifbaren, uns Halt gebenden »Dinge« – unsere Umgebung, unser Besitz und die physischen Aspekte unserer alltäglichen Interaktionen – sind von immenser Bedeutung. Sie bieten eine beruhigende Beständigkeit und Stabilität, und ähnlich wie die lebenserhaltenden Apparate in meiner Intensivstation bilden sie die Grundlage, von der aus wir uns durch die Komplexität des Daseins navigieren. Doch es gibt eine zweite Dimension, die über das Physische hinausgeht: Sie umfasst unsere Werte, Überzeugungen und den Sinn, den wir aus unseren Beziehungen und Erfahrungen ziehen. Obwohl es keine allgemeingültige Definition von »Sinn« gibt und jeder etwas anderes darunter verstehen mag, benötigen wir ihn doch alle. Dabei muss es gar nicht um etwas Großes oder Bedeutendes gehen. Es kann etwas so Einfaches sein wie der kleine Kräutergarten, den wir pflegen, die Sportmannschaft, die wir trainieren, der Job, der uns erfüllt, oder die Kinder, die wir versorgen. Nun ist es aber das dritte, laut Sandstein essenzielle Element, das uns zur Auswanderung bewog: Abwechslung. Unerwartete, andersartige Erfahrungen sind keineswegs ein Risiko oder Stressfaktor, sondern ein wichtiger Teil des Daseins. Dabei geht es nicht einfach um die Suche nach Neuem. Es geht darum, unsere kognitiven Landschaften zu bereichern und unsere Anpassungsfähigkeit zu verbessern. Dadurch, dass wir vielfältige Erfahrungen in unser Leben integrieren, verhindern wir die Stagnation unserer Gedanken und Gefühle und fördern ein dynamisches Wechselspiel zwischen Komfort und Herausforderung. Wie viele andere Familien hatten auch wir Lockdowns, Ängste und Einschränkungen hinter uns. Das Coronavirus hat nicht nur mehr als sieben Millionen Menschen weltweit das Leben gekostet, es hat auch viele Menschen ihrer Abwechslung beraubt. In unserem Familienkalender klafften während der Pandemie große Lücken, wo sonst Wochenendausflüge und Fernreisen standen. Doch zum Teil hatte diese Zeit auch etwas seltsam Befreiendes, allein aufgrund der Veränderungen, mit denen meine Frau und ich in Schule und Krankenhaus zu tun hatten. In vielerlei Hinsicht war ich noch nie so viel gereist, hatte ich noch nie so viel Abwechslung erlebt. Für keine dieser Reisen brauchte ich meinen Reisepass: Sie fanden alle in meinem Krankenhaus statt.

Vor Jahren, als frischgebackener Oberarzt, machte ich als Erstes eine Entdeckungstour durch mein Krankenhaus. Ich drückte den obersten Fahrstuhlknopf, fuhr in den siebten Stock und lief sämtliche Flure ab. Bald entdeckte ich Fachbereiche, von denen ich nicht wusste, dass es sie gab, Geräte, von denen ich nicht wusste, dass wir sie besaßen, und Menschen, die ich noch nie gesprochen hatte. Ich machte das Gleiche auf jeder Etage, bis ich unter der Erde angekommen war.

Bis zur Pandemie war diese Klinikerkundung aus meiner Erinnerung verschwunden. Die Intensivstation, auf der ich arbeitete, war zum Schutz von Patienten und Mitarbeitern streng abgeschirmt. Doch ein Schirm bringt auch Schatten. Nur selten leuchteten neue Ideen oder Ansätze für verbesserte Arbeitsabläufe zu uns hinein. Corona hat das gründlich verändert.

Schnell erkannten wir, dass die Intensivmedizin nicht auf einen Bereich beschränkt ist. Wenn wir nun zur Arbeit gingen, war es, als besuchten wir ganz neue Orte. Wieder wanderte ich durchs Krankenhaus, zur Beatmungsstation, zur Kinderstation und zu allen Stellen, wo man mich brauchte. Manchmal war ich auch in der Krankenhauskapelle (wo man mich nicht brauchte).

Ich arbeitete mit neuen Bekannten und alten Freunden zusammen, wir bauten wacklige Brücken über die Fachgebiete hinweg. Durch die interdisziplinäre Arbeit bewegten wir uns von einer Welt in die andere und fanden zu einem konstruktiven Miteinander. Natürlich war nicht alles rosig, aber es war ein wenig so, wie wenn man sich im Urlaub mit Fremden anfreundet: Wir wussten, dass es nicht für ewig sein würde und machten das Beste draus.

Es war eine wertvolle Erfahrung, mein Krankenhaus auf diese Weise zu erkunden und Einblicke in das Arbeitsleben anderer zu gewinnen. Sicher, ich steckte nicht in ihrer Haut, aber ich bekam einen Eindruck davon, wie es sich anfühlen musste.

Zum Ende der Pandemie dachten alle, nun würde das große Reisen losgehen. Aber die Realität sah anders aus. Reisen war immer noch kompliziert und teuer, vieles war überbucht. Das Leben wurde vorhersehbarer denn je. Statt eines Nachkriegsbooms wie in den 50er und 60er Jahren war die Zeit nach Corona von Stillstand geprägt. Es war der Luxus, sich zu sicher zu fühlen. Wir langweilten uns.

Und dann landete während eines besonders harten Oktobers eine E-Mail in meinem Postfach. In dieser Woche hatte ich bereits einen Rentenbescheid bekommen, ich war von einem Unbekannten wegen meiner Ansichten zur Impfung beschimpft worden, hatte zahllose Nachtschichten bei gleichem Lohn geleistet, hatte den Geburtstag meines Vaters wegen eines Kongresses verpasst und hatte eine Fortbildung vorbereitet, zu der niemand erschienen war. Es war kein Burn-out, das nicht, nach wie vor mochte ich meine Arbeit, die Kollegen und Patienten. Es fehlte mir einfach das letzte Puzzleteil für ein gutes Leben: Abwechslung. Manchmal ist ein radikaler Wandel leichter als eine allmähliche Veränderung.

Es tat weh, diese E-Mail zu lesen, versprach sie doch akademisches Fortkommen, bessere Konditionen, endlosen Sonnenschein, guten Kaffee und ein funktionierendes Gesundheitssystem. Doch es waren im Grunde nicht diese Aspekte, die ich am attraktivsten fand. Es war der radikale Schnitt, und er war schmerzhaft, weil ich wusste, dass ich ihn brauchte. Denn er bot Abwechslung. Das Problem war nur, dass die angebotene Stelle in 1450 Kilometer Entfernung lag, nämlich in Australien.

Die E-Mail erreichte mich zu einem Zeitpunkt, an dem ich ausnahmsweise gezwungen war, nichts anderes zu tun als nachzudenken. Ich halte mich grundsätzlich für einen reflektierenden Menschen, aber der Spiegel wird eigentlich nur hervorgeholt, wenn ich in dem umgekehrten Bild etwas erkennen möchte. Etwa, wenn ich etwas schreibe oder ein Gespräch mit einem Studenten führe. Nachdenken zu einem bestimmten Zweck kann furchtbar anstrengend sein. Es bringt im besten Falle Klärung, aber sicher keine Heilung.

Ich erwartete also keine tiefgreifende, emotionale Erkenntnis, als ich mit einer Träne im Auge auf einem Plastikstuhl in einer Turnhalle saß. Dennoch hatte ich sie. Vielleicht, weil ich eine Nachtschicht hinter mir hatte. Ich hatte mit einer Familie gesprochen, über die an einem ganz normalen Dienstag großes Leid hereingebrochen war. Vielleicht reagierte auch mein Vagusnerv auf den Pieks meiner Booster-Impfung, die ich gerade eben bekommen hatte. Der wahrscheinlichste Grund aber war wohl, dass ich die letzte Viertelstunde ununterbrochen darüber nachgedacht hatte, wie das vergangene Jahr mir, meiner Familie und meiner ganzen Welt zugesetzt hatte.

Wann haben Sie das letzte Mal dagesessen und eine Viertelstunde einfach nichts getan? Ich meine wirklich gar nichts. Bei mir war das, als ich vielleicht zehn war. Das Zweitbeste an meiner Coronaimpfung waren diese fünfzehn Minuten, während deren ich einfach nur dasitzen und abwarten musste, ob sich Nebenwirkungen einstellten, ohne Handy, nur mit meinen Gedanken. Ich tat nichts, und doch passierte etwas. Um mich herum waren freiwillige Helfer aus dem Militär und Sanitätsdienst tätig, und ich saß einfach da, mitten in dieser Sporthalle, die nun unmittelbarer mit der Gesundheit der Menschen zu tun hatte als je zuvor.

Nichts im Kopf zu haben, ist schwer, und so begann ich, mich zu erinnern. Ich erinnerte mich an den ersten Coronapatienten, den ich versorgt hatte. Ich erinnerte mich an den ersten Patienten, der sterben musste. Vor meinem inneren Auge tippte ich Nummern ins Telefon und tätigte den ersten Anruf, der mit »Es tut mir leid« begann und endete. Ich erinnerte mich auch an das Lächeln in manchen Gesichtern, an den Eifer im Umgang mit einer neuen Krankheit, an die raschen Fortschritte der Forschung und an den Zwang zum Teamwork. Ich hatte den Geschmack der nächtlichen Pizza auf der Zunge, die ich nach langen Diensten auf dem Nachhauseweg verschlungen hatte. Ich erinnerte mich, wie ich getrennt von meiner Frau geschlafen hatte und meinen Töchtern versichert hatte »Papa passiert nichts«, obgleich ich nicht wusste, ob ich womöglich log. Oder wie ein Freund mich beruhigt hatte, nichts dauere ewig, ich aber spürte, wie verdammt viele Tage so ein Jahr hat. Vor allem aber erinnerte ich mich an die Hoffnung. Die Hoffnung, dass es morgen besser würde, und auch am nächsten und am übernächsten Tag. Und wenn es nicht besser würde, wäre es dennoch der nächste Tag.

Am Ende wischte ich mir mit dem Ärmel über die Augen. Ich war mir nicht sicher, ob da eine Träne war – aber ja, sie war da. Die Viertelstunde war vorbei. Ich stand auf, mein Plastikstuhl wurde abgewischt und die nächste Person nahm Platz. Und dann wurde mir klar, dass Nachdenken um des Nachdenkens willen klärend und womöglich sogar heilsam sein kann. Die E-Mail mit dem Jobangebot in Australien beantwortete ich mit: »Ja«.

Nach langen Diskussionen innerhalb der Familie, komplizierten Visaverfahren und hürdenreicher Anerkennung meiner Ausbildung, nach tränenreichen Abschiedspartys und dem Zusammenpacken unseres Haushalts machten wir uns also auf nach »Down Under«. Und nach meiner Zeit dort, nach der Begegnung mit Cody und vielen anderen, kann ich mit gutem Gewissen sagen, dass die meisten Dinge tatsächlich besser waren. Es gab, wie in der E-Mail versprochen, akademisches Fortkommen, bessere Konditionen, endlosen Sonnenschein, guten Kaffee und ein funktionierendes Gesundheitssystem. Der National Health Service könnte und sollte einiges von seiner entfernten, sonnenverwöhnten Cousine lernen. Mit den richtigen Maßnahmen ließe sich der dauernden Unzufriedenheit und den sich ausbreitenden Streiks entgegenwirken. Denn das Prinzip des NHS ist richtiger und wichtiger denn je. Irgendwann sind wir dennoch nach Hause zurückgekehrt. Warum, erzähle ich zum Ende dieses Buchs.

Wenn mich in Australien das Heimweh packte, telefonierte ich mit meinem »Zwei-Uhr-Team«: Freunden, von denen man weiß, dass sie jederzeit abnehmen und helfen, egal warum und egal wann. Ich weiß noch, wie ich mich nach Wales beamte, als ich mir per Livestream anschaute, wie Michael Sheen im Londoner National Theatre *Unter dem Milchwald* von Dylan Thomas auf die Bühne brachte. Es war wie eine Brücke zu einem anderen Ort, zu meinem fernen Zuhause. Lustigerweise arbeitete ich ein Jahr später, inzwischen zurück in Wales, als medizinischer Berater für Michael Sheen, der den walisischen Politiker und NHS-

Gründer Aneurin Bevan spielte, und zwar in einem Stück, das mein Freund Tim Price geschrieben hatte. Das Leben ist voller Zufälle, die reinste Lotterie.

Mein Gespräch mit Cody ein Jahr nach seinem Tod war ein Rollentausch. Im wunderschönen Südwales schien ausnahmsweise die Sonne und in mein Arbeitszimmer fielen gelbe Strahlen, Cody dagegen erschien in einem dicken Hoodie zum Videocall, da in Australien grauer Winter herrschte. Er fühlte sich offensichtlich wohl, er sah gesund und froh aus. Seit neun Monaten war er clean, sein Arbeitgeber hatte ihm eine zweite Chance gegeben. Cody besaß immer noch viele Dinge, nach denen er sich immer gesehnt hatte. Doch seine goldene Uhr lag in einer Schatulle im Schrank, stattdessen trug er eine Fitnessuhr am Handgelenk. Die brauchte er für den neu entdeckten Sinn in seinem Leben und im Leben anderer.

»Clean zu werden war nicht das Schlimmste«, erzählte er. »Das Schwierigste ist, clean zu bleiben. Deshalb arbeite ich jetzt mit Jugendlichen zusammen – um zu verhindern, dass sie überhaupt erst damit anfangen.«

Er hatte erkannt, dass das Leben kein Eimer ist, der gefüllt werden soll, sondern ein Feuer, das entfacht werden will. Die schneeweißen Sneaker, die am Ende der Liege hervorlugten, als ich Cody zum ersten Mal traf, hatten eine längere Geschichte. Denn als Jugendlicher hatte Cody leidenschaftlich gern Basketball gespielt. Als 1,88 m großer, superbeweglicher Typ war er wie für diesen Sport geschaffen. Er war Kapitän der Schulmannschaft und spielte oft noch im Abendrot auf den Plätzen in der Nachbarschaft. Bald aber nahm ihm die Arbeit jegliche Freizeit. Seine Liebe zu Turnschuhen war durch ihren Nutzen beim Sport entstanden. Später wurde daraus eine Mode, bei der die Funktion nur noch Nebensache war.

Irgendwann nach seinem Beinahe-Tod entdeckte Cody in seiner Garage einen alten Basketball und lief damit zum nächsten Platz. Zunächst war er allein, seine Würfe gingen öfter daneben, als dass sie im Korb landeten. Doch das besserte sich rasch, und bald fand Cody Anschluss, denn es waren noch einige andere da, die gerne Basketball spielten. Und dann las er eben dort das zweite Plakat, das sein Leben verändern sollte. Anstatt für einen gut bezahlten Job zu werben, bat dieses Plakat um ehrenamtliches Engagement. »Trainer für Jugend-Basketballmannschaft gesucht«, stand da. Cody ging hin, gleich am nächsten Wochenende, und stellte sich einigermaßen nervös vor. Zum ersten Mal seit Jahren schnürte er seine Turnschuhe wieder für ihren eigentlichen Zweck.

»Letztes Jahr sind wir Dritter in ganz Westaustralien geworden!«, sagte Cody mit einem breiten Lächeln. Fast erlaubte er sich, glücklich zu sein, stolz auf etwas zu sein.

Aber das war noch nicht alles.

»Wenn man clean bleiben will, muss man sich in andere Dinge stürzen.«

Also wandte sich Cody an die Reha-Klinik, in der er seinen Entzug gemacht hatte. Sie half ihm, ein eigenes Team zu gründen. Jetzt kommt jeden Sonntag eine bunte Mischung aus großen und kleinen, fitten und dicken, supertalentierten und grottenschlechten Spielern zusammen. Sie gewinnen selten. Aber sie haben ein Stück Sinn gefunden, so klein dieses auch sein mag, das wieder Leben in ihr Leben bringt.

»Ich kann jetzt immer kaum abwarten, von der Arbeit nach Hause zu kommen. Dann geht es sofort ab zum Platz, ich schau, wie es meinen Freunden so geht und leite das Training. Es macht mir unendlich Spaß. Übrigens habe ich in zehn Minuten ein Spiel, ich muss leider los!«, sagte Cody. Und nach einem Blick auf seine mit Lithium betriebene Sportuhr war er weg.

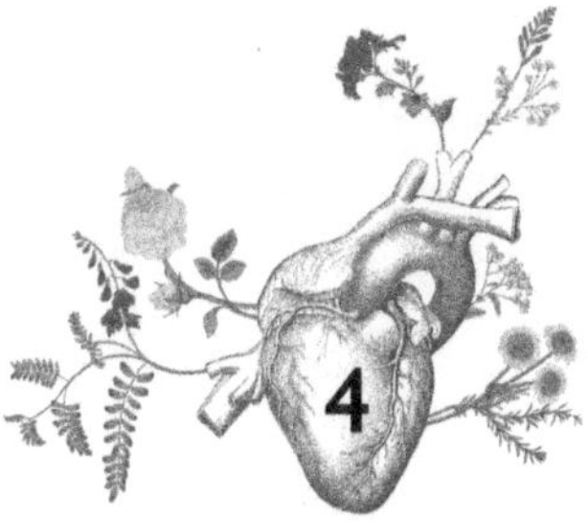

SUMMER

Summer, fünfundzwanzig
Todesursache: Suizid
Lebensursache: Von guten Menschen umgeben sein

Summer erinnert sich noch an den Tag, an dem sie starb. Es war derselbe Tag, der ihr das Leben rettete. Sie schrieb mir, nachdem sie mein Buch *Critical* gelesen hatte, und wir vereinbarten ein Treffen. Sie saß auf der Bettkante in ihrem Zimmer, mit einem schwarzen Pulli über einem weißen T-Shirt, das bleiche Gesicht wie aus Porzellan, die blonden Haare über die Schulter gelegt wie einen Schal, und erzählte mir, warum sie hatte sterben wollen. Neben ihr hockte eine Hello Kitty-Puppe, die offenbar sämtliche Höhen und Tiefen ihres fünfundzwanzigjährigen Erdendaseins mitgemacht hatte. An der zerfledderten Plüschkatze konnte Summer sich festhalten, als sie mit acht Jahren zum ersten Mal die Angst befiel, und als Depression und Magersucht ihr die Teenagerjahre stahlen. Kitty begleitete sie von einer Psychiatrie in die nächste, während Summers Freunde am sonnigen See lagen und in dunklen Clubs tanzten.

Kitty war auch dabei, als Summer eine Überdosis verschreibungspflichtiger Tabletten nahm, um ihrem Leben ein Ende zu setzen. Und Kitty war dabei, als Summer überlebte. Als sie die Augen öffnete. Als sie lernte, wie sie ein besseres Leben führen könnte. Das zweite Leben, das viele wie sie nicht bekommen. Und Kitty saß nun auch neben ihr, als Summer mir ihre Geschichte erzählte, damit das, was sie gelernt hat, auch anderen weiterhilft.

In einer besonders schlimmen Phase wusste Summer plötzlich, was sie machen wollte. Sie war wieder einmal in einer psychiatrischen Klinik und wurde dort von einer Pflegekraft namens Sammy betreut, einer Frau, die fürsorglich, stark und klug war – und Narben trug. Summer wusste die parallelen Linien auf Sammys linkem Arm zu deuten. Und ihr wurde klar: Trotz – oder gerade wegen – ihrer Probleme konnten Menschen wie sie anderen eine Hilfe sein. Summer wollte auf einer psychiatrischen Station arbeiten, sie wollte Pflegekraft werden und von der Hilfesuchenden zur Helfenden werden.

Sie konzentrierte sich auf ihren Schulabschluss, ihr Leben war nun gefestigter. Summer erreichte die für ihren Berufswunsch erforderlichen Noten, fand den perfekten Studiengang und packte voller Vorfreude ihre Koffer. Doch dann kam dieser kalte Oktober, in dem eine Beziehung zerbrach, das Studentenleben sie überforderte und Summers Großmutter starb. Sie fiel in ihre alten Muster zurück, zog wieder nach Hause und geriet in eine Abwärtsspirale. Am 16. März 2020, dem Tag, an dem der britische Premierminister einen landesweiten Lockdown verkündete, schluckte Summer eine Handvoll Beruhigungspillen. Ihre Mutter bemerkte, wie sie im Haus herumirrte und das Licht an- und ausschaltete. Zuletzt brach Summer auf dem Bett zusammen. Die Benzodiazepine dämpften die Gehirnrezeptoren, die uns wach, bei Bewusstsein und am Leben halten. Sie entspannten Summers Muskeln, hinderten sie am Husten und schließlich am Atmen. Als der Krankenwagen eintraf, war sie blau angelaufen. In der Notaufnahme setzte ihr Herz dreimal aus, die Ärzte schoben ihr Plastikschläuche in die Lunge und begannen mit der Reanimation. Summers Eltern bekamen die niederschmetternde Nachricht, dass ihre 25-jährige Tochter möglicherweise nicht überleben würde.

Die absichtliche Selbstverletzung ist leider einer der häufigsten Gründe für die Aufnahme in die Intensivstation. Ich habe Patienten erlebt, die mit den verschiedensten Methoden versucht haben, sich das Leben zu nehmen. Die Auswirkungen eines solch schrecklichen Ereignisses reichen weit über den Einzelnen hinaus: Sie treffen die Familien, die über Stunden in kahlen Warteräumen sitzen, und sie treffen die Pflegenden, die diese Menschen versorgen. Es gibt keinen schmerzlosen Suizid, weder für das Personal noch für die Familien oder die Patienten.

Die Wahrscheinlichkeit, durch Suizid zu sterben, hängt unter anderem davon ab, wo man lebt. Laut Weltgesundheitsorganisation besteht in Antigua mit nur 0,3 Menschen pro 100 000 Einwohner die geringste Wahrscheinlichkeit, während Lesotho im südlichen Afrika mit 87,5 die höchste Rate aufweist. Weltweit begehen jedes Jahr mehr als 800 000 Menschen Selbstmord, doppelt so viele wie durch Mord ums Leben kommen. Bei jungen Menschen zwischen 15 und 24 ist Selbstmord die häufigste Todesursache, doch sterben mehr ältere Menschen auf diese Weise. Auch zwischen den Geschlechtern gibt es große Unterschiede: Die Selbstmordrate von Männern ist doppelt so hoch wie die von Frauen. Oft handelt es sich um eine spontane, unüberlegte Entscheidung. Mehrere unabhängig begutachtete Studien belegen, dass 70 Prozent der Überlebenden weniger als eine Stunde über ihr Suizid nachgedacht haben, ein Viertel gar fällte die Entscheidung innerhalb von fünf Minuten.[4]

In einem Fall betrug die Zeitspanne zwischen dem Impuls zu sterben und dem Sprung von einer Brücke gerade einmal fünf Sekunden. Genauso wie viele Personen mit psychischen Erkrankungen niemals Selbstmordgedanken haben, leiden nicht alle Personen, die einen Selbstmordversuch unternehmen, an einer psychischen Erkrankung. Etwa die Hälfte der Menschen, die Suizid begehen, haben keine diagnostizierbare psychische Störung. Jenen, die tatsächlich unter psychischen Erkrankungen leiden, kann die passende Behandlung helfen. Denn die meisten Menschen mit Selbstmordgedanken wollen eigentlich nicht sterben. Sie wollen, dass ihre gegenwärtige Situation endet, dass die Gefühle verschwinden, dass das Leben wieder zurückkehrt. Das ist ein kleiner, aber entscheidender Unterschied. Denn wenn wir berücksichtigen, dass der Tod möglicherweise nicht die Absicht eines Selbstmordversuchs ist, können wir Leben retten, indem wir mehr Präventionsmaßnahmen ergreifen.

Nehmen wir etwa den durch Kohlengas herbeigeführten Tod, für den sich unter anderen die amerikanische Dichterin Sylvia Plath entschied. Sie beendete ihr Leben, indem sie den Kopf in den Backofen legte, nachdem sie die Küchentür mit Handtüchern abgedichtet hatte, um ihre schlafenden Kinder zu schützen. Diese Methode war 1963 nicht ungewöhnlich. Der Tod durch Einatmen von Kohlenmonoxid war bis in die 70er Jahre

---

4 Eine Zusammenfassung der Studienergebnisse findet man online unter: www.hsph.harvard.edu/means-matter/means-matter/duration/

für die Hälfte aller Selbstmorde in Großbritannien verantwortlich. Doch innerhalb von nur drei Jahren sank diese Zahl auf null.

Wie es dazu kam, erklärt sich durch viele Rinder und eine Handvoll kluger Erfinder. In den 50er Jahren drohte den Beschäftigten in vielen Chicagoer fleischverarbeitenden Betrieben durch die rasant steigenden Stromkosten die Arbeitslosigkeit. Der Gewerkschaftsvorsitzende wandte sich daraufhin an einen befreundeten Ingenieur. Gemeinsam entwickelten sie die Idee, Gas, das man kürzlich in den Southern Plains entdeckt hatte, in verflüssigter Form über den Mississippi gen Norden zu verschiffen. Das Verfahren war ein Erfolg und etablierte Flüssiggas als günstigen und sicheren Brennstoff.

Der talentierte britische Ingenieur Denis Rooke gehörte zu einem kleinen Team, das wiederum Pionierarbeit beim Seetransport von verflüssigtem Erdgas leistete. Als Sohn eines Handelsreisenden aus Südlondon stammte Rooke aus »einfachen Verhältnissen«. Den Großteil seiner Kindheit verbrachte er in einer berühmten Londoner Kinderklinik, dem Great Ormond Street Hospital, da er wiederholt erkrankte und daher bis zum Alter von sieben Jahren weder lesen noch schreiben oder richtig laufen konnte. Als er endlich wieder zur Schule gehen durfte, entwickelte Rooke eine große Technikbegeisterung, später studierte er am Londoner University College Maschinenbau.

In den 60er Jahren wurde in den Gewässern um Großbritannien riesige Erdgasvorkommen entdeckt. Also beschloss man, alle britischen Haushaltsgeräte auf Erdgas umzustellen, das fortan anstelle des bisher verwendeten Kokerei- oder Stadtgases verwendet werden sollte. Eine Mammutaufgabe, die den Austausch oder die Umrüstung von 35 Millionen Geräten (mit 8000 verschiedenen Typen) in 13 Millionen Haushalten erforderte. Unter Rookes Führung verlief die Umstellung bemerkenswert reibungslos, und zwar innerhalb des Budgets und des geplanten Zeitrahmens von zehn Jahren. Es handelte sich um »die vielleicht größte Friedensoperation in der Geschichte des Landes«. Rooke wurde anschließend Vorsitzender von British Gas und einer der angesehensten Ingenieure Großbritanniens. Als er im Alter von vierundachtzig Jahren starb, war er von der Queen in den Order of Merit aufgenommen worden, zusammen mit vierundzwanzig anderen Personen, darunter Margaret Thatcher und Prinz Philip. Was aber hat das nun mit den Suizidzahlen zu tun?

Durch die Umstellung der britischen Haushaltsgeräte von Kohlengas auf Erdgas, das kein Kohlenmonoxid enthält, wurde diese Form der Selbsttötung quasi über Nacht beendet. Erstaunlicherweise ging auch die Gesamtzahl der Suizide drastisch zurück. Selbstmordgefährdeten, die sich womöglich in ihrer Küche das Leben genommen hätten, wurde diese Methode versperrt, und sie wichen auf keine andere aus. Die höhere Barriere verhinderte die Umsetzung flüchtiger Selbstmordgedanken.

Solche Barrieren können auch ganz konkret sein. Nachdem innerhalb von zehn Tagen drei Menschen von der Washingtoner Duke Ellington Bridge in den Tod gesprungen waren, wurde ein Sicherheitsgitter errichtet. Obwohl nur 200 Meter weiter eine ganz ähnliche Brücke steht, halbierte sich die Selbstmordrate im Umkreis – nämlich genau um die Anzahl, die von der Ellington Bridge gesprungen wäre. Einen ähnlichen Effekt beobachtete man in Niedriglohn-Länder, in denen es häufiger zu Selbstvergiftungen mit Pestiziden kam: Hier konnte das Verbot dieser Chemikalien die Selbstmordrate senken. Wenn man bedenkt, dass 60 Prozent der Todesfälle durch Schusswaffen in den USA selbstverschuldet sind, würden strengere Waffengesetze wesentlich dazu beitragen, die Menschen vor sich selbst und vor anderen zu schützen. Es gibt viele Gründe, warum Menschen auf der Intensivstation behandelt werden, doch ich hoffe sehr auf eine Welt, in der Selbstverletzung nicht mehr dazugehört. Die Intensivstation überlebt man nämlich am ehesten, wenn man gar nicht erst dorthin kommt.

Als junger Arzt arbeitete ich im Krankenhaus der kleinen Stadt Bridgend in Südwales, wo ich viel Freundlichkeit und Unterstützung erfuhr. Leider fiel meine Zeit dort mit einer Selbstmordwelle unter den Jugendlichen aus der Gegend zusammen. Die Jungen und Mädchen, die vor ihrem Tod gefunden wurden, kamen auf unsere Intensivstation. Alle starben. Innerhalb von nur drei Monaten starben zwanzig junge Menschen, die noch ihr ganzes Leben vor sich hatten. Die Ursache war in allen Fällen Erhängen. Zwanzig Familien blieben in unermesslicher Trauer zurück. Auf der Intensivstation erleben wir die grellste Ausprägung der globalen Krise der psychischen Gesundheit. In vielerlei Hinsicht ist die Intensivstation eine hyperakute Abteilung der Sozialdienste. Hier ist das allzu reale Ergebnis von Strukturschwäche, Chancenlosigkeit, Armut und Drogen in den Körpern der Patienten eingeschrieben.

Dabei sind nicht nur die Behandelten, sondern oftmals auch die Behandelnden von tiefer Resignation betroffen. Allein ich kenne drei Kollegen, die auf tragische Weise ihren Kampf gegen die Verzweiflung verloren haben. Die alarmierende Tatsache lautet, dass Suizide unter Ärzten bis zu fünfmal häufiger sind als in der Allgemeinbevölkerung, wobei Frauen und Berufsanfänger besonders gefährdet sind. Von den Sterbefällen bei Ärzten ist jeder fünfundzwanzigste ein Suizid. Bei Medizinern, die mit Patientenbeschwerden zu tun haben, ist die Rate sogar noch höher.

Die Kollegen, die ich verloren habe, waren nach außen hin fröhliche, unbeschwerte und stabile Persönlichkeiten. In der medizinischen Ausbildung lernen wir, im Umgang mit Angehörigen gefasst zu bleiben, aber diese Fassade der Beherrschtheit versteckt oftmals unsere eigene Hilfsbedürftigkeit. Sich selbst Fehler zu verzeihen, ist eine gewaltige Aufgabe. Es ist nur natürlich und auch gut, den Blick zurück auf das eigene Leben zu richten, aber man sollte dort nicht verharren. Unsere Fehler mögen für andere nicht sichtbar sein, aber wir tragen sie in uns. Obgleich wir im Gesundheitsbereich arbeiten, sind auch wir dem Stigma psychischer Störungen ausgesetzt, dabei haben wir wie jeder Mensch innere Konflikte auszustehen. Der Blick über den Rand des Abgrunds kann für die Helfenden, die versuchen, Patienten zurückzuholen, eine schwere Belastung sein.

Während ihren Eltern mitgeteilt wurde, dass ihre Tochter wahrscheinlich sterben würde, sah sie selbst ihr Leben an sich vorbeiziehen. Summer erinnert sich an diese plötzliche Klarheit, als ihr Herz stehen blieb, wieder zu schlagen begann und dann erneut aussetzte. Sie sagt, dass sie in diesem Moment wusste, was wirklich wichtig ist. »Menschen sind wichtig«, sagte sie mir, »nicht Dinge.« Summer hatte in diesem Moment kein neues iPhone oder ein teures Kleid vor Augen. Sondern ihre Mutter, ihren Vater und gute Freunde, mit denen sie nicht genug Zeit verbracht hatte. Sie sah, wie sie an einem Sommertag lachend im Gras lagen und lange aufblieben und zusahen, wie die Sterne unter den Horizont sanken.

Die Szene, in der das Leben beim Sterben vor dem inneren Auge vorbeizieht, wurde schon so oft in Filmen dargestellt, dass sie zum Klischee geworden ist. Man stellt es sich vor wie eine Fotomontage aus den Höhen und Tiefen eines Erdendaseins.

Terry Pratchett meinte recht treffend dazu: »Es wird oft gesagt, man sehe, bevor man stirbt, sein Leben vergehen. Das stimmt tatsächlich. Man nennt es ›leben‹.« Dennoch, wahrscheinlich hat man sein Leben in irgendeiner Form vor Augen, wenn man stirbt. Es gab einen Fall, bei dem eine ältere Patientin mit einer Anordnung zum Verzicht auf Wiederbelebung unerwartet starb, während ihre Gehirnaktivität gemessen wurde. Das Team, das die Hirnstromkurve analysierte, fand ein oszillierendes Gehirnwellenmuster, bei dem die Alpha-, Beta- und Theta-Bänder abnahmen, es aber eine relative Zunahme der Aktivität im Gamma-Band gab. Diese Muster sind typisch für Erinnerungsvorgänge und Gedankenbilder, die während der Meditation, im Traum oder auch bei drogeninduzierten Halluzinationen auftreten. Wenn es nun so ist, dass man im Sterben sein Leben vor Augen hat – was würden Sie sehen? Denken Sie jetzt, ganz lebendig, darüber nach. Vielleicht bringt es Sie auf etwas.

Für manche ist die Selbsttötung keine spontane Entscheidung, sondern ein sorgfältig geplantes Ereignis. Diese zusätzliche Zeit kann einen Lebensrückblick in Worten statt Bildern ermöglichen, in Form eines Briefs oder einer Notiz. Diese Nachrichten werden geschrieben, um sich zu erklären, um endlich ehrlich zu sein oder eine Erinnerung zu bewahren. Summer schrieb einen Brief, in dem sie sich bedankte und um Verzeihung bat:

Mama und Papa, ich liebe euch sehr. Danke, dass ihr für mich da wart, und es tut mir leid, dass ich nicht für euch da sein konnte.
Summer

Das sagte alles, wenn auch in extremer Kürze. Ein Leben reduziert auf nur achtundzwanzig Worte. Auch unheilbar Erkrankte haben die Möglichkeit, etwas Schriftliches zu hinterlassen, doch treten immerhin 10 Prozent der als natürlich eingestuften Todesfälle unerwartet ein, wobei die Rate bei jüngeren Menschen höher ist. Es ist also eine gute Idee, anderen zu schreiben, während man noch quicklebendig ist. Diese Nachricht muss keinesfalls morbide ausfallen. Es kann eine Gelegenheit sein, neu zu überdenken, was uns wichtig ist, was wir anderen sagen oder mitgeben möchten. Es kann helfen, über unser jetziges Leben nachzudenken.

Während der Pandemie, als insbesondere medizinisches Personal vom Tod umringt war, dachte ich über die Möglichkeit meines eigenen Endes nach. Ich überlegte, was meine Familie wissen sollte, falls das Schlimmste eintreffen sollte.

Morgens, kurz vor meiner ersten Pandemieschicht auf der Intensivstation, schrieb ich eine Nachricht an meine Frau und schickte sie ab, ohne noch groß darüber nachzudenken. Die Worte waren mir nicht schwergefallen. Das Wichtige war klar, das Unwichtige ließ ich weg. Die Nachricht lautete:

Was du wissen solltest, falls ich sterbe:
Ich hatte ein verdammt schönes Leben. Ich habe mich verliebt, bin gereist, habe gefeiert, habe zwei fantastische Kinder, habe Zeit mit Freunden und meiner Familie verbracht und Dinge getan, von denen ich niemals zu träumen gewagt hätte.

Ich liebe meinen Beruf, so hart und risikoreich er sein kann. Die direkte Berührung mit dem Leben ist das beste Gefühl der Welt.

Es ist leichter gesagt als getan, aber: Trauert nicht zu lange. Erinnert euch an die schönen Zeiten. Daran, wie wir zusammen gelacht und geweint haben. Schaut euch die alten Fotos an und denkt gern an meinem Geburtstag an mich, aber seid nicht zu lange traurig. Wir haben nur ein Leben, das ist mir jetzt klar. Lebt es. Al, Evie, Mimi, Mum, Dad, Chester. Geht euren Weg, tragt mich in euren Gedanken und Erinnerungen, aber nicht als Last auf euren Schultern.

Wenn ich einen »letzten Wunsch« hätte, dann wäre er:

Einen Flat White

Ein Lied von R.E.M.

Ein bisschen LSD, falls möglich

Ich würde gerne begraben werden, aber im Grunde ist es mir gleich. Ich möchte eine nichtreligiöse Trauerfeier, aber es kann ein Gebet gesprochen werden, als Halt für meine Eltern. Am liebsten hätte ich, dass »Nightswimming« gespielt wird. Wenn es geht, würde ich gerne zum Skelett.

Ich liebe euch.

Al, du bist meine große Liebe.

Mum und Dad, Ihr seid beeindruckende Menschen. Danke, dass Ihr euch immer für mich eingesetzt habt.

Evie, du hast eine große Begabung fürs Schreiben. Ich glaube, irgendwann wirst du selbst ein Buch schreiben. Ich liebe dich bis zum Mond und wieder zurück. Putz dir die Zähne.

Mimi, du bist eine tolle Forscherin. Ich glaube, irgendwann wirst du dich zum Wohl der Menschen einsetzen. Vergiss unsere Spaßlieder nicht.

Wir sehen uns auf der anderen Seite, wenn es eine gibt.

Matt

Was würde in Ihrem Brief stehen? Könnte es sein, dass Sie etwas in Ihrem Leben verändern, nachdem Sie ihn geschrieben haben?

Sieben Wochen nach ihrem Tod schlug Summer die Augen auf. Die Intensivbehandlung war heftig gewesen: Plastikschläuche in den Venen, ein Luftröhrenschnitt, Halluzinationen in Gestalt einer Zombie-Apokalypse. Die ITS kann Hoffnung und einen Neuanfang bedeuten, doch haben die lebensrettenden Maßnahmen einen hohen Preis. Patienten, die die ITS verlassen, sind geschwächt und ausgelaugt, sie leiden unter Muskelverlust und sogar ihre Stimme hat sich verändert. Ihr Körper trägt sichtbare und unsichtbare Narben davon. Die Erschöpfung dauert oft Monate an, manchmal bleibt eine Kurzatmigkeit bestehen. Die Haut trocknet aus, es kommt zu Haarausfall. Noch schwerwiegender sind mitunter die psychischen Folgen. Beziehungen werden strapaziert, zerbrechen gar, die finanziellen Belastungen steigen und auch intime Aspekte des Lebens wie die sexuelle Gesundheit werden in Mitleidenschaft gezogen. Es kann zu anhaltenden Angstzuständen und Depressionen kommen, da die Patienten mit einer neuen, durch die Zeit auf der Intensivstation geprägten Realität kämpfen. Schlafprobleme treten auf. Der Kampf ums Überleben ist nur der Anfang; der Weg zurück ins alte Leben ist oftmals lang und beschwerlich.

Beim Videotelefonat mit ihrer Mutter brach Summer in Tränen aus. Nicht weil sie sterben wollte, sondern weil sie zum ersten Mal seit ihrem vierzehnten Geburtstag leben wollte. Es war, als hätte sich in ihrem Kopf ein Schalter umgelegt, nachdem sie gesehen hatte, welche Auswirkungen ihr Handeln auf ihre Mitmenschen hatte. Als ihre Atemkanüle entfernt wurde, hatte Summer nicht nur neue Gedanken, sondern auch eine neue Stimme. Der Druck auf die Stimmbänder hatte den hellen, melodischen Klang in einen tieferen, selbstbewussteren und festeren Ton verwandelt. Es war eine Stimme, die nicht davor zurückschreckte, offen zu sprechen. So wie Summer nicht mehr davor zurückschreckte, ihr Leben nach ihren eigenen Vorstellungen zu führen – wusste sie nun doch, was wirklich wichtig war.

Summer sagte mir, sie sei jetzt nicht mehr der »Fußabtreter« für andere, sondern eher eine Art »Bremsschwelle«. Wer es nicht gut mit ihr meint, den hält sie davon ab, sie zu überfahren. Wen sie vor Schaden bewahren will, den bremst sie. Sie umgibt sich mit Menschen, die ihr das Gefühl geben, sie selbst sein zu können. Eine wichtige Entscheidung. Denn unsere Charaktereigenschaften werden erheblich vom Umfeld geprägt. Studien zeigen, dass unsere engen Freunde auch unser Verhalten beeinflussen. Wenn der beste Freund raucht, besteht eine um 60 Prozent höhere Chance, dass man auch zum Raucher wird. Wenn es der Freund des Freundes ist, sind es immerhin noch 30 Prozent, und beim Freund des Freunds vom Freund 10 Prozent. Wie heißt es noch bei Goethe? »Sage mir, mit wem du umgehst, so sage ich dir, wer du bist.« Manchmal sind die Menschen in unserem engen Umfeld nicht gut für uns. Instinktiv neigen wir dazu, eher etwas hinzutun, als etwas wegzunehmen, obwohl Reduktion die bessere Lösung wäre.

Wie sieht Summers zweites Leben nun aus? Nicht immer rosig, wie auch. Gute Tage stimmen sie froh, schlechte Tage sieht sie als Erfahrung, nicht als Verhängnis. »Man darf sich nicht von allem runterziehen lassen«, sagt sie. Nachdem sie das Schlimmste erlebt hat, sieht Summer diese Zeit als Bonus. »Jeder von uns kennt schreckliche Erlebnisse, Verlust, Kummer und Herzschmerz. Aber es gibt eben auch Glück, Zufriedenheit und Freude. Am Ende ist es doch so: Jedem kann alles passieren. Damit muss man rechnen. Es ist, wie es ist.«

Summer erklärt mir, was ihr in dieser dunklen Phase hätte helfen können. Dabei handelt es sich nicht um praktische Ratschläge oder Lösungen. »Wenn jemand, den man gut kennt, in Schwierigkeiten ist, muss man nicht unbedingt Antworten parat haben. Es reicht, wenn man einfach da ist. Das ist schon sehr viel.« Jemandem in Not zuhören, ihn halten, mit ihm atmen, das allein kann viel bewirken. Man darf auch einfach mitleiden und muss nicht meinen, die Probleme lösen zu müssen. Oft wollen die Betroffenen gar keine Ratschläge, sondern wissen selbst, was sie tun müssen. Sie wünschen sich jemanden, der ihnen zur Seite steht, während sie sich bemühen, sich aus ihrer Lage zu befreien.

Ich frage Summer nach ihrer Zukunft, nach ihren Zielen. Sie lächelt sacht. »Das Leben ist kein Spiel, bei dem es um Bestleistungen oder Ranglisten geht. Ich habe die nächsten Momente im Blick, nicht alle, die noch kommen mögen.« In meinem eigenen Leben gab es immer dann schwierige Phasen, wenn ich nicht erreichen konnte, was ich mir erhofft hatte, oder kurz nachdem ich etwas lang Ersehntes erreicht hatte. Das Gegenteil von Glück ist nicht Versagen, sondern Langeweile. Ich versuche jetzt, das zu tun, was als Nächstes kommt, anstatt dem nachzujagen, was als Nächstes kommen *sollte*. Denn die Zeit ist knapp und sie verfliegt.

Ich fragte Summer, wie ich die Menschen, die ich liebe, schützen kann, insbesondere meine beiden Töchter, die gerade erwachsen werden, Freundschaften schließen, in den sozialen Medien unterwegs sind, mit ihrem Körperbild hadern. »Nimm sie heute Abend beiseite und sag ihnen, dass du immer für sie da bist, egal was sie tun oder in welcher Lage sie stecken. Bedingungslos, ohne Fragen zu stellen. Jederzeit. Tag und Nacht. Du bist da, du hörst ihnen zu, nimmst sie in den Arm, du hilfst ihnen. Du hilfst ihnen, es wieder einzurenken.« Genau das habe ich getan.

In den Jahren nach Summers Herzstillstand musste sie gegen unerwünschte, sich aufdrängende Gedanken ankämpfen, die sie seit ihrem Aufenthalt auf der Intensivstation verfolgten. Die intensiven, quälenden Erinnerungen an ihre Rückkehr ins Leben schlichen sich unvermittelt heran, sie sprangen Summer aus dem Hinterhalt an. An manchen Tagen war es das unerbittliche Piepen der Monitore, an anderen der Krankenhausgeruch oder das Gefühl der Hilflosigkeit, das sie in einer endlosen Schleife aus Furcht und Beklemmung gefangen hielt. Aber sie hat diese Phasen überstanden – indem sie Tetris spielte.

Denn das klassische Puzzle-Videospiel nimmt im Lauf der Zeit an Geschwindigkeit und Schwierigkeit zu, es erfordert schnelles und strategisches Denken. Das beansprucht Teile des Gehirns, die für die Einordung und Speicherung von Erinnerungen verantwortlich sind.

Tetris wurde 1985 vom russischen Informatiker Alexei Paschitnow entwickelt, der damals für die Sowjetische Akademie der Wissenschaften tätig war. Der Name des Spiels ist eine Kombination aus »tetra« (vier) und Paschitnows Lieblingssport »Tennis«. Trotz über 500 Millionen verkauften Kopien hat Paschitnow keine Einnahmen aus dem beliebtesten Spiel der Welt, da die Urheberrechte beim sowjetischen Staat verblieben. Aber das war auch nicht sein Beweggrund. Der hinter dem Eisernen Vorhang lebende Informatiker glaubte, dass Spiele die Kluft zwischen Logik und Gefühl überbrücken können. Und noch 25 Jahre später erweist sich seine Annahme als richtig, da sein Spiel Summer und unzähligen Mitarbeitern auf der Intensivstation geholfen hat.

·

Infolge der Pandemie hatte meine Freundin Dr. Julie Highfield einiges zu tun. Sie ist Oberärztin in der Klinischen Psychologie, und das Intensivpersonal stand reihenweise bei ihr Schlange, da es mit Schlafproblemen zu kämpfen hatte, unter den Erinnerungen an Patienten litt und die beängstigenden Szenen nicht mehr aus dem Kopf bekam.

»Das Pflegepersonal hat sich wirklich bemüht, seinen Job gut zu machen, aber es war schnell überlastet. Die Leute waren extrem erschöpft und standen unter immensem Stress«, berichtete sie mir. Julies kleines Team war nicht in der Lage, allen zu helfen. Mir jedoch half sie, aber bei anderer Gelegenheit. Wir telefonierten miteinander, nachdem ich nach Australien gezogen war und mich während der endlosen Schichten in einem ländlichen Krankenhaus das Heimweh plagte. Ich wollte ihr nicht zeigen, dass ich Wales vermisste, und als sie mich fragte, wie es mir ginge, setzte ich ein fröhliches Gesicht auf und sagte, alles sei großartig und ich würde mir gerade Michael Sheen in Dylan Thomas' *Unter dem Milchwald* anschauen, während draußen die Sonne untergehe. Es ist nie eine gute Idee, seine Gefühle vor Psychologen oder Freunden zu verbergen, und vor einer befreundeten Psychologin schon gar nicht.

»Wie schön. Du hast echt Heimweh, oder?«, erwiderte sie ohne Umschweife. Sie lag natürlich richtig. Und genauso hatte sie recht damit, dass man sich in der Pandemie nicht nur um die Patienten, sondern auch um das Personal kümmern musste.

»Die Leute hatten nicht mehr ihre gewohnten Bewältigungsstrategien, ihre üblichen Ventile. Sie brauchten eigentliche eine Auszeit, viele aber machten weiter, alleingelassen mit belastenden Erinnerungen und den bedrückenden Geschichten, die sie nicht aus dem Kopf bekamen«, sagte Julie Jahre später rückblickend.

An diesem Punkt begann ihre Mitarbeit an einer überraschenden Studie unter der Leitung von Emily Holmes, Professorin an der Universität Uppsala. Holmes forscht seit Langem daran, wie Patienten mit einer posttraumatischen Belastungsstörung (PTBS) durch den Einsatz von Spielen wie Tetris geholfen werden kann – eben weil hier Gehirnbereiche beansprucht werden, die für Speicherung von Erinnerungen verantwortlich sind. Vielleicht wäre dies auch eine Möglichkeit für das Krankenhauspersonal, das sich hilfesuchend an Julie gewandt hatte.

Es gibt mehrere Traumatherapien, die bei einer PTBS empfohlen werden. Ein evidenzbasiertes Verfahren ist das Eye Movement Desensitization and Reprocessing (EMDR). In der traditionellen EMDR-Therapie konzentrieren sich die Patienten auf traumatische Erinnerungen und machen dabei bestimmte Augenbewegungen, indem sie etwa dem Finger des Therapeuten folgen. So soll die Reaktion des Gehirns auf schlimme Erinnerungen neu verknüpft und deren emotionale Intensität gemindert werden. In ihrer neuartigen Forschung verwendet Professor Holmes eine ähnliche Theorie wie sie dem EMDR zugrunde liegt: Es werden visuell-räumliche Spiele eingesetzt, um sogenannte intrusive Erinnerungen zu unterbrechen, wie sie nach psychischen Traumata auftreten. Holmes hatte bereits ein abgewandeltes Tetris-Spiel an Traumapatienten getestet, die Anwendung im Alltag stand aber noch aus.

»Intrusive Erinnerungen – Bilder, die plötzlich auftauchen, bruchstückhafte Gedächtnisinhalte, die einem ungewollt in den Sinn kommen – erschweren die Arbeit und beeinträchtigen das Denken«, erklärte Julie.

Das Spiel nun beansprucht das visuelle und räumliche Denkvermögen und hält das Gehirn derart beschäftigt, dass es traumatische Bilder nicht in der Tiefe verarbeiten kann. Dieser Wettbewerb um kognitive Ressourcen kann die Eindringlichkeit und emotionale Wucht traumatischer Erinnerungen verringern. Durch den repetitiven und strukturierten Charakter von Tetris erfolgt ähnlich wie bei der EMDR-Methode eine Form der bilateralen Stimulation, also der abwechselnden Reizung von linker und rechter Gehirnhälfte. Durch das Spielen von Tetris und insbesondere die gedankliche Fokussierung auf die Drehung der Blöcke sollen die Patienten ihre Gehirne mit Aufgaben versorgen, die mit den traumatischen Erinnerungen um Speicherplatz konkurrieren und idealerweise eine kognitive Neuordnung hervorrufen.

Nachdem sie über vier Wochen mit eben dieser Zielsetzung Tetris gespielt hatten, gaben die während der Coronakrise tätigen Pflegekräfte an, nur noch ein Mal statt wie vordem vierzehn Mal pro Woche von intrusiven Erinnerungen heimgesucht worden zu sein. Es hatte funktioniert. Dabei hatten die Teilnehmer nicht einfach losgespielt. Sie wurden sorgfältig angeleitet und überwacht, um bestimmte Erinnerungen anzusprechen. So sollten sie etwa die fallenden Blöcke zunächst vor dem inneren Auge drehen. Aber das Prinzip blieb dasselbe: Ein simples und lustiges Spiel wie Tetris kann uns aus einer düsteren Stimmung heraushelfen. Weitere Studien belegen, dass es sogar die Größe von Emotionen verarbeitenden Gehirnregionen verändern kann: So wuchs das Volumen des Hippocampus bei Tetris spielenden männlichen Soldaten mit einer durch den Kampfeinsatz hervorgerufenen PTBS.

Vor allem aber konnte Summer ihre Gedanken neu ordnen. Nur drei EMDR-Sitzungen und viele Tetris-Runden haben ihr geholfen, das erste Ausbildungsjahr mit Bravour zu meistern.

»Die Aufarbeitung dieser Erinnerungen hat sich ungemein positiv auf meinen Alltag ausgewirkt. Ich bin jetzt im letzten Jahr der Krankenpflege-Ausbildung, das Ende ist in Sicht. Ich freue mich darauf, anderen dabei zu helfen, einen Weg zu finden, so wie ich ihn gefunden habe.«

Es sind nicht nur in Russland entwickelte Computerspiele, die uns helfen können, unser Leben zu überdenken und neu zu sortieren. Wie zahlreiche Studien nahelegen, können jegliche in Gruppen gespielte Brett-, Karten- und Puzzlespiele die psychische Gesundheit fördern und das menschliche Miteinander verbessern. Kognitive Fähigkeiten und Strategien zur Problemlösung werden gestärkt, außerdem bieten Spiele einen Rahmen für soziale Interaktion, die zusätzlich zum seelischen Wohlbefinden beiträgt.

Spielen kann Stress und Ängste reduzieren. Ältere Erwachsene, die regelmäßig Brettspiele spielen, sind geistig rege und zeigen eine geringere Anfälligkeit für Depressionen. Strategisches Denken, Gedächtnisleistung und Konzentration werden geschult, der Geist wird fit gehalten.

Gemeinsames Spielen stärkt das Miteinander und das gegenseitige Vertrauen, es verbessert die Kommunikationsfähigkeit und schenkt den Beteiligten das Gefühl, eingebunden zu sein. Gerade Einsamkeit und sozialer Isolation lassen sich auf diese Weise entgegenwirken.

Darüber hinaus sind Familien-Spieleabende oder Spieletreffs Gelegenheit für einen generationsübergreifenden Austausch. Familien, die regelmäßig Brettspiele spielen, berichten von einem stärkeren Zusammenhalt. Man tauscht sich aus, man lacht, man schafft Gemeinschaft und bleibende Erinnerungen.

Schon 1985 wusste Alexei Paschitnow: »Spiele geben Menschen die Möglichkeit, sich besser kennenzulernen. Sie offenbaren Dinge, die man sonst vielleicht nicht bemerkt, und geben etwa Einblick in die Denkweise des anderen.« Menschen wie Summer haben sie sogar das Leben gerettet. Ich finde, wir sollten alle mehr spielen.

Ein Jahr nach ihrem Tod stieß Summer auf dem Heimweg von der Uni knapp vor ihrem Zuhause auf eine Menschenmenge. Ihr Nachbar lag regungslos auf dem Rasen, er atmete nicht mehr, sein Herz schlug nicht. Er hatte, genau wie sie, einen Herzstillstand erlitten. Wie sie hatte er eine Überdosis genommen. Ein Jahr nachdem ein Unbekannter ihr Herz wieder zum Schlagen gebracht hatte, versuchte nun Summer, jemanden zurückzuholen. Sie drückte ihm auf die Brust, wie sie es in der Ausbildung gelernt hatte, und versuchte, einem Menschen ein zweites Leben zu schenken.

Als klar war, dass es keine Rettung für ihn gab, saß Summer bei seiner Frau, legte den Arm um sie und war einfach nur da, ohne Antworten zu haben. Nach allem, was Summer hinter sich hatte, schloss sich jetzt offenbar ein Kreis und etwas Neues begann. Eine Woche nach unserem Gespräch begann Summer ihr letztes Ausbildungsjahr in der psychiatrischen Pflege. Inzwischen wird sie viele weitere Menschen in den Arm genommen und ihnen mit ihren Worten, ihren Händen und ihren Erfahrungen geholfen haben.

Sie hat sich das Bett auf der Intensivstation angeschaut, in dem sie aufgewacht ist, und konnte dort eine jüngere Version von sich sehen, ein trauriges, heilungsbedürftiges Mädchen. »Aber ich hatte das Gefühl, um jemanden zu trauern, den ich nicht mehr finden konnte. Ich fühle mich jetzt lebendiger als je zuvor. Es ist meine zweite Chance, mein zweiter Akt, und in dem wird jetzt mein Leben aufgeführt.«

»Zwischen Vergangenheit und Zukunft liegt nur ein Augenblick. Diesen Augenblick nennen wir Leben. Man darf ihn nicht verpassen«, sagte sie mir und drückte Kitty an sich.

DROWNING NOT WAVING

Mike, achtundfünfzig
Todesursache: Ertrinken
Lebensursache: Gemeinsam sind wir stark

Mike ging nicht angeln, um Fische zu fangen. Angeln war die Pause, die er sich vom Alltag und seinem Job in der Versicherungsbranche nahm. Inmitten der wechselnden Gezeiten, an seinem Platz zwischen Land und Meer hatte er kein WLAN und fühlte sich doch verbundener denn je. Wie gesagt, er hatte es nicht unbedingt aufs Fischefangen abgesehen – und aufs Ertrinken schon gar nicht.

Als kleiner Junge, mit acht Jahren, hatte Mike zum ersten Mal eine Angelrute in den Händen gehalten, bei einem Urlaub mit seinen Eltern auf den Scilly-Inseln, und auch gleich seinen ersten Fisch an den Haken bekommen: Einen bunten, türkisblau-grün-violett schimmernden Lippfisch. Fünfzig Jahre später nahm Mike eine ähnlich blauviolette Färbung an, nachdem er an der schroffen walisischen Küste von einer anbrandenden Welle weggespült worden war.

An einem grauen Samstag im Oktober waren Mikes Frau und Kinder anderweitig beschäftigt, und so nutzte er die Gelegenheit für einen Angelausflug. Er fuhr zwei Stunden mit dem Auto bis zur Küste und nahm noch Butterbrote mit – die er jedoch nie essen würde. Die Flussmündung bei Ogmore (was soviel wie »schnelle Flut« bedeutet) war Mikes bevorzugter Platz zum Barschangeln. Er suchte sich mit Absicht eine Stelle abseits der Dammstraße, die genauso nass und grau dalag wie der Himmel. Er freute sich, allein zu sein. Nicht einsam, aber für sich. Bald würde er erfahren, dass wir nur selten wirklich allein sind. Selbst im Meer ist niemand eine Insel. Wir alle brauchen eine Gemeinschaft, die uns am Leben hält – und zwar auch dann, wenn wir nicht gerade ertrinken. Die Frau, die am Ufer mit ihrem Hund spazieren ging; die beiden Freundinnen und Wasserballspielerinnen, die oben auf der Landzunge geparkt hatten; der große, kräftige Mann, zufällig Erste-Hilfe-Ausbilder, der am Strand entlanglief – sie alle hatte Mike nicht bemerkt. Genauso wie er die Welle nicht bemerkte, die ihm die Beine wegriss und ihn unter Wasser zog.

Ich habe mit Alicia gesprochen – sie gehört zu den Personen, die Mike das Leben retten sollten. Als wir uns trafen, fegte gerade Sturmtief Isha über Großbritannien hinweg, wodurch ihre Erzählung noch dramatischer auf mich wirkte.

Alicia liebte das Wasser. Schon als Baby, gerade einmal sechs Wochen alt, hatte sie Schwimmstunden. Später dann fuhren ihre Eltern sie fünfmal die Woche zur Schwimmhalle, wo sie auf Wettkampfniveau trainierte. Über ihren Trainer, der bei den Olympischen Spielen in dieser Sportart angetreten war, kam Alicia mit fünfzehn zum Wasserball. Sie war sofort begeistert und schloss sich gleich nach dem Studium dem walisischen Team an.

Alicia arbeitet als Forensikerin für die Polizei und hat sich auf die Analyse von Videomaterial spezialisiert. Hierbei helfen ihr ihre Kenntnisse, die sie als Hobbyfotografin gesammelt hat. Aus all diesen Gründen war Alicia am Tag von Mikes Angelausflug genau die richtige Person am richtigen Ort.

Wie Mike hatte sich auch Alicia ein Sandwich eingepackt, bevor sie mit ihrer Freundin Amy, Physiotherapeutin und ebenfalls Wasserballerin, ans Meer gefahren war. Dass Alicias durch die Video-Forensik geschultes Auge schon kleinste Veränderungen in einer Szene erkennen konnte, sollte an diesem Tag eine besondere Rolle spielen. Die beiden Freundinnen saßen oben auf dem Parkplatz im Auto, sie genossen den Blick aufs Meer, und Alicia wollte gerade von ihrem Brot abbeißen, als sie draußen auf dem Wasser einen kleinen Punkt wahrnahm.

»Wahnsinn, schau mal, wie überflutet die Mündung ist ... Was macht denn der Mann da? Winkt der?«

Nobody heard him, the dead man,
But still he lay moaning:
I was much further out than you thought
And not waving but drowning.

Diese Zeilen stammen aus dem Gedicht »Not Waving but Drowning« der englischen Schriftstellerin Stevie Smith. Darin werden die verzweifelten Gesten eines Ertrinkenden als ein Winken missdeutet, wobei diese zentrale Metapher für eine größere Wahrheit über menschliches Leid und das Unverständnis der Umgebung steht. Womöglich spielt hier die Erfahrung der Autorin mit hinein, die gerade einmal sechzehn war, als ihre Mutter starb.

Anders als in dramatischen Filmszenen, in denen sie wild mit den Armen rudern, gehen Ertrinkende meist still und unbemerkt unter. Unter Atemnot kann man nur schwer um Hilfe rufen. Ähnliches gilt oftmals für psychische Probleme oder persönliche Krisen. Wie bei lautlos Ertrinkenden werden die Hilferufe von der Umgebung missverstanden oder übersehen. Dann wiederum gibt es Situationen, in denen Menschen deutlich auf sich aufmerksam machen – und das nicht, weil sie im Mittelpunkt stehen wollen, sondern weil sie sich in einer Notlage befinden und Hilfe benötigen.

Beides aber führt zu einer wichtigen Erkenntnis: Will man verstehen, was ein Mensch durchmacht, muss man hinter die Fassade blicken. Das Wissen und die Aufmerksamkeit, die es braucht, um die tatsächlichen Anzeichen des Ertrinkens zu erkennen und zu deuten, benötigt man auch, um die unterschiedlichen Signale zu deuten, die ein Mensch in einer emotionalen oder psychischen Notlage aussendet. Smiths Gedicht mahnt uns, dass scheinbar aufmerksamkeitsheischendes Verhalten in Wirklichkeit ein verzweifelter Hilferuf sein kann, der uns auffordert, genauer hinzuhören und genauer hinzuschauen.

Mike war nicht die erste Person, die Alicia aus dem Wasser rettete. Schon mit elf, als ihre kleine Schwester im Freibad unter eine Schwimmmatte geraten war, konnte Alicia sie gerade noch rechtzeitig hochreißen und das nach Luft schnappende Mädchen befreien.

Als sie sich den winkenden Mann genauer ansah, bestätigten sich ihre Befürchtungen. Er hatte denselben Gesichtsausdruck wie ihre Schwester damals. Und dann war er plötzlich weg. Es herrschte Starkregen, dazu kam eine heftige Flut. Mike war durch eine große Welle hinaus aufs Meer gespült worden. Er war am Ertrinken.

Alicia warf ihr Sandwich auf den Rücksitz, riss die Autotür auf und rannte ans Ufer. Eine Frau in einem leuchtend gelben Mantel lief die Bootsrampe entlang und gab Alicia armwedelnd Zeichen. Das war das letzte Bild, an das Mike sich erinnern sollte. Die Frau hatte bereits den Rettungsdienst alarmiert, aber niemand wusste, wie lange dieser brauchen würde.

Durch ihren Beruf war Alicia traumatische Szenen gewohnt, sie hatte schon mehrmals Aufnahmen ansehen müssen, auf denen Menschen starben. Aber dieses Mal war es keine Aufnahme. Sie konnte eingreifen. Als Alicia, jetzt selbst außer Atem, am Ende der Bootsrampe angekommen war, sah sie Mikes leblosen, blauvioletten Körper, der immer weiter vom Ufer abtrieb. Sie scheute das Meer so wenig wie ein Schwimmbecken. Nur wenige Wochen zuvor war sie an eben dieser Küste geschwommen. Das Boot der Wasserrettung lag noch immer an der Anlegestelle auf der anderen Seite der Landzunge, und da wusste Alicia, dass sie nicht warten konnten. Mike bewegte sich nicht mehr, seine Haut war nicht mehr bläulich, sie wurde grau. Ab diesem Moment gehörte Alicia zu der Gruppe Unbekannter, die Mike an diesem stürmischen Tag das Leben retten sollten.

Sie zog Mantel und Stiefel aus und watete in Jeans und T-Shirt ins eiskalte Meer. Sie kämpfte gegen die Wellen an, und dann erreichte sie Mike zur gleichen Zeit wie ein weiterer unbekannter Helfer. Sie zogen seinen Körper in Richtung Ufer, aber er war schwer wie ein Stein, und weil seine Wathosen mit Wasser gefüllt waren, ging es nur langsam voran. Doch am Ende kam ihnen vom Strand aus ein großer, muskulöser Mann entgegen und schaffte es, Mikes Körper an Land zu bringen. Während Alicia das Salzwasser aushustete, übernahm ihre Freundin Amy.

Sie überwachte die Wiederbelebungsmaßnahmen und wies die Umstehenden an, sich abzuwechseln und fester, schneller oder langsamer zu drücken. Die meisten dachten, es sei zu spät. Mikes Körper war leblos, er wirkte tot. Und das war er auch. Aber wie in vielen Geschichten in diesem Buch war auch hier die Kraft der Hoffnung am Werk. Manchmal ist es reine Hartnäckigkeit, die jemanden am Leben hält und ihm eine zweite Chance beschert.

Nirmal Purja, nepalesischer Bergsteiger und ehemaliger Soldat der britischen Gurkha-Elitebrigade, hat internationale Anerkennung für seine außergewöhnlichen Leistungen im Höhenbergsteigen erlangt. Er schafft Dinge, die viele für unerreichbar halten – einfach, weil er sich weigert, aufzugeben. Besonders bekannt wurde er durch sein »Project Possible«, für das er alle vierzehn Achttausender der Welt innerhalb einer Saison besteigen wollte. Ein unmöglich zu erreichendes Ziel, befanden viele, hatten aber nicht mit Purjas Starrsinn und Unerschrockenheit gerechnet. In der Doku *14 Gipfel: Nichts ist unmöglich* motiviert er andere Bergsteiger mit den Worten: »Es kommt vor, dass man sich total am Ende fühlt, aber wer sagt, dass er am Ende ist, ist nur zu etwa 45 Prozent am Ende.«

2019 schloss Purja das »Project Possible« erfolgreich ab. Er schaffte es, alle vierzehn Gipfel in nur sechs Monaten und sechs Tagen zu besteigen und pulverisierte damit den bisherigen Rekord von knapp acht Jahren. Er hatte Zuversicht, wo es kaum Zuversicht gab. Für Purja wäre Mike also nur zu etwa 45 Prozent am Ende. Alicia bewies eine ähnliche Hartnäckigkeit. Alle dachten, Mike sei tot, sie aber ließ die Hoffnung nicht fallen.

Nachdem dieser Berg von einem Mann, den Alicia »Mountain Man« nannte, Mike an Land gezogen hatte, übernahm er auf Amys Anweisung hin die Herzdruckmassage. Er beherrschte sie perfekt, schließlich war er Erste- Hilfe-Ausbilder. Es verging eine gefühlte Ewigkeit, dann quoll auf einmal trübes Meerwasser aus Mikes Mund. Doch es brauchte noch eine weitere Person aus dem Dorf der Unbekannten, damit Mike gerettet wurde.

Man muss kein Mountain Man sein, um Leben zu retten. Es reicht vollkommen, dieses Kapitel zu Ende zu lesen. Die Geschichte der Ersten Hilfe ist eine sehr abwechslungsreiche Reise durch die Zeit. Es gab die skurrilsten Methoden und erstaunliche Innovationen, aus denen schließlich die Herz-Lungen-Wiederbelebung (HLW) als moderne und zuverlässige Methode hervorging.

Im 16. Jahrhundert fielen Wiederbelebungsmethoden eher fantasievoll als effektiv aus. Zu den Verfahren gehörte etwa das Einblasen von Tabakqualm. Eine denkbar schlechte Idee, selbst wenn der Rauch in die Lunge geleitet worden wäre, in diesem Fall aber wurde er rektal verabreicht, um Ertrunkene zurück ins Leben zu holen. Es mag nicht verwundern, dass die Methode wenig Erfolg zeigte – was die 1768 gegründete Royal Humane Society jedoch nicht davon abhielt, entlang der Themse »Tabakklistiere« bereitzustellen, damit Ersthelfer den Opfern mithilfe dieser Handpumpen möglichst rasch »Rauch in den Hintern blasen« konnten.

Im 19. Jahrhundert führte man in ganz Europa verbesserte Protokolle zur Wiederbelebung von Ertrinkenden ein, bei denen das Aufwärmen des Körpers und die Anregung der Atmung im Vordergrund standen. Die Herzdruckmassage wurde erstmals 1892 beschrieben, gängige Praxis wurde sie jedoch erst in den 1960er Jahren. Durch kräftigen Druck auf die Brustmitte wird das Blut aus dem Herzen herausgepresst und wieder hineingesogen. Die Kompression des Herzmuskels zwischen Brustbein und Wirbelsäule drückt das Blut aus dem Herzen, der Druckunterschied im Brustkorb treibt den Blutkreislauf durch die Sogwirkung zusätzlich an. Eine korrekt ausgeführte Herz-Lungen-Wiederbelebung kann etwa ein Drittel der normalen Herzleistung nachbilden.

Im Jahr 1958 dann brachte der in Brooklyn geborene William »Wild Bill« Kouwenhoven die Herz-Lungen-Wiederbelebung mit seiner Leidenschaft für Elektrotechnik zusammen. Ansporn für seine Forschungen waren die verbreiteten Arbeitsunfälle von Freileitungsmonteuren, die nach Stromschlägen an Herzrhythmusstörungen starben. Kouwenhoven fand heraus, dass die Todesfälle auf eine gestörte elektrische Erregung des Herzens zurückzuführen waren. Anstatt sich regelmäßig zusammenzuziehen und das Blut rhythmisch auszustoßen, vollführten die Herzkammern einen wilden, gefährlichen Tanz. Heute bezeichnen wir dies als Kammerflimmern oder VF. Die Anwendung gezielter Gleichstromimpulse, die stark genug sind, um diesen fehlerhaften Takt zurückzusetzen, aber nicht so stark ausfallen, dass das Herzgewebe geschädigt wird, kann den Herzrhythmus wieder normalisieren.

Heute ist der Einsatz von Elektroschocks neben der externen Herzdruckmassage ein wichtiger Bestandteil der Wiederbelebung bei Kammerflimmern. Durch die verbreitete Einführung von automatisierten externen Defibrillatoren (AED) oder »Laiendefis« wird Ersthelfern nicht nur die Durchführung der entscheidenden Herz-Lungen-Wiederbelebungsmaßnahmen, sondern auch die sichere Anwendung der Schockgeber ermöglicht. Die eigenständigen Geräte erkennen automatisch gestörte elektrische Signale und setzen sie mit einem kontrollierten elektrischen Schock zurück. *Hjertestarter*, das dänische Wort für dieses Gerät, trifft es eigentlich sehr genau. AED können sogar mit Drohnen in abgelegene Gebiete gebracht werden und dort Leben retten, wo die Wartezeit auf einen Krankenwagen tödlich wäre.

Bei der kardiopulmonalen Reanimation oder Herz-Lungen-Wiederbelebung geht es aber auch um die künstliche Beatmung und Sauerstoffversorgung der Lunge. Der Babylonische Talmud enthält eine Geschichte, in der ein Lamm mit einer Verletzung am Hals gerettet wurde, indem man ihm ein Loch in die Luftröhre bohrte und ein Schilfrohr einführte. Die Mund-zu-Mund-Beatmung wird erstmals im Alten Testament beschrieben: Der Prophet Elisa rettet dort einem kleinen Jungen das Leben, indem er »seinen Mund auf des Kindes Mund« legt. Leider wurde dieses vernünftige Vorgehen durch neue, nicht sonderlich erfolgreiche Maßnahmen abgelöst, zu denen etwa gehörte, Ertrunkene auf ein Fass zu legen und kopfüber zu rollen.

Der erste medizinische Fachartikel zur Mund-zu-Mund-Beatmung stammt von einem Chirurgen namens William Tossach, der darin berichtet, wie er am 3. Dezember 1732 im schottischen Alloa einen Bergarbeiter wiederbelebte. Der Arbeiter war »allem Anschein nach tot«, nachdem er aus einem in sechzig Metern Tiefe liegenden Kohleschacht geborgen worden war – bis Tossach dann »meinen Mund dicht an seinen setzte und meinen Atem so kräftig ausblies, wie ich konnte«.

Nach der Entdeckung des Luftsauerstoffs wurde die Mund-zu-Mund-Beatmung eingestellt, da man befürchtete, dass die ausgeatmete Luft »verbraucht« sei. Das trifft in gewissem Maß auch zu, doch reicht ihr Sauerstoffgehalt (16 Prozent im Vergleich zu 21 Prozent in der Atemluft) immer noch aus, um Leben zu retten. Man verfiel stattdessen auf Beatmungstechniken wie die »Rückendruck-Armzug-Methode«, die sogar in Arthur Conan Doyles Kurzgeschichte *Der Angestellte des Börsenmaklers* auftaucht: Als Sherlock Holmes und Dr. Watson auf einen Verdächtigen stoßen, der sich an seinen Hosenträgern erhängt hat, kann Dr. Watson diesem das Leben retten, indem er die Arme des Mannes abwechselnd vor der Brust zusammenlegt und nach hinten streckt. Die Methode wurde bis in die 1960er Jahre empfohlen.

Nach Studien mit Tausenden vom plötzlichen Herzstillstand betroffenen Patienten wissen wir inzwischen, dass bei der Laienreanimation die konzentrierte Herzdruckmassage ohne Mund-zu-Mund-Beatmung vorteilhafter ist, da es so zu weniger Unterbrechungen des Blutflusses kommt. Es gibt Ausnahmen, doch heute werden fortgeschrittene Beatmungstechniken erst dann eingesetzt, wenn qualifizierte Retter eingetroffen sind.

Ertrinken kann auf verschiedene Weise zu einem Herzstillstand führen. Zum einen besteht vor allem im kalten Wasser ein instinktiver Atemreflex, wodurch große Menge Wasser in die Lunge gelangen können. Dies führt zu einer Hypoxie, einer unzureichenden Sauerstoffversorgung des Körpers. Hinzu kommt ein uralter Schutzmechanismus unseres Körpers, der Tauchreflex: Beim Eintauchen in kaltes Wasser wird die Herzfrequenz drastisch verlangsamt. In manchen Fällen kann ein Laryngospasmus, ein Stimmritzenkrampf, auftreten, bei dem sich der Kehlkopf verengt oder sogar verschließt: So wird zwar verhindert, dass Wasser in die Lunge gelangt, aber auch die Luftzufuhr wird blockiert und es droht Ersticken. Schließlich kann es nach der Rettung zu einem sekundären Ertrinken kommen, wenn das Wasser in der Lunge verzögerte Atemkomplikationen wie Schwellungen oder Infektionen hervorruft.

Endlich kam das Rettungsboot und legte bei ihnen am Strand an. An Bord war eine Pflegefachfrau aus dem Krankenhaus, in das Mike später gebracht werden sollte. Sie arbeitete ehrenamtlich bei der Wasserrettung. Sie unterstützte Mountain Man bei den Wiederbelebungsmaßnahmen, indem sie Mike zusätzlich beatmete und Sauerstoff zuführte. Als der Rettungswagen eintraf, hustete Mike schon erneut Meerwasser aus, er krampfte und rang nach Atem. Er war nach wie vor in einem kritischen Zustand, aber bereits auf dem Weg ins Krankenhaus, als Alicia ihre schlammigen Jeans auszog. Amy tupfte ihr die blutenden Füße ab, die sie sich an den scharfen Felsen aufgeschnitten hatte. Zurück im Auto, schaltete Alicia die Heizung an und griff sich ihr Sandwich vom Rücksitz. Die Soße war auf den Sitz gelaufen. »Dann fahren wir mal nach Hause, oder?«, fragte sie Amy.

Mike hat seine zweite Chance gleich mehreren Menschen zu verdanken: Der Frau im gelben Mantel, die die Küstenwache rief; Mountain Man, der ihn wiederbelebte; der ehrenamtlich tätigen Krankenpflegerin; dem Fremden, der ebenfalls ins Wasser gesprungen war; Amy, der Physiotherapeutin, und Alicia. Auf der Intensivstation kamen noch mehr Personen hinzu, die sich für Mike einsetzten. Er war Angeln gegangen, um allein zu sein. Gerettet aber wurde er aber dank seiner Mitmenschen. In der heutigen digitalen Vereinsamung vergisst man leicht, dass wir alle jeden Tag ein Dorf von Fremden brauchen, und das nicht nur, wenn wir ertrinken oder sterben. Auf uns allein gestellt, können wir nicht einmal einen Toaster zusammenbasteln.

Der britische Designer und Künstler Thomas Thwaites war schon zu Studienzeiten eine Ausnahme. Lieber als mit den konventionellen Anforderungen an Design beschäftigte er sich in seinen Projekten mit fundamentalen Fragen zu Leben und Tod.

Fragen, die wir Menschen uns schon seit Generationen stellen: Was bedeutet Menschsein? Oder: Kann ein Mensch allein überleben?

Für seine Abschlussarbeit an der Kunsthochschule nahm Thwaites sich vor, einen Toaster zu bauen. Ein Gerät, das für moderne Bequemlichkeit und Individualismus steht. Doch ging es hier nicht etwa darum, bestellte Einzelteile zusammenzusetzen. Nicht einmal den Kauf von kleinsten Elektroteilen oder Kupferdrähten erlaubte sich Thwaites. Er wollte diesen Toaster ganz allein bauen, von Grund auf, und das im wahrsten Sinne: Er musste tatsächlich Rohstoffe schürfen und sämtliche Bauteile selbst herstellen.

Zunächst galt es, aus Steinen und Schlamm Ausgangsstoffe herzustellen. Ein moderner, schon für fünf Euro zu habende Toaster besteht aus 400 Einzelteilen, die aus 100 verschiedenen Materialien gefertigt sind. Thwaites reduzierte letztere auf fünf: Stahl, Nickel, Kunststoff, Kupfer und Glimmer. Den Stahl fertigte er aus Eisen, das er aus einem stillgelegten Bergwerk in Wales grub. Zum Schmelzen verwendete er eine Mikrowelle und einen Laubbläser. Das Kupfer gewann er aus dem abfließenden Wasser einer Unterwasserhöhle und formte das entstandene rote Metall zu Stiften für den Stromstecker. Als primitive Isolierung verwendete er Glimmer aus schottischen Küstenfelsen, das Kunststoffgehäuse aus Kartoffelstärke formte er mithilfe eines ausgehöhlten Baumstamms.

Neun Monate später stand auf seinem Küchentisch ein Objekt, das wie eine Mischung aus einem mittelalterlichen Foltergerät und einem Laib Brot aussah. Seine Herstellung hatte über 1400 Euro gekostet. Sekunden nach dem ersten Einschalten explodierte es, übrig blieb ein geschmolzener Haufen. Es gab keinen Toast. In einem noch verrückteren Projekt mit dem Titel

»How I Took a Holiday from Being Human« (Wie ich Urlaub vom Menschsein machte) lebte Thwaites unter Alpenziegen, benutzte Prothesen, die ihn zum Vierfüßer machten, und aß mithilfe eines künstlichen Magens Gras. Der Toaster mag rein technisch ein Fehlschlag gewesen sein, dennoch wurde er im Londoner Victoria and Albert Museum ausgestellt, da er eine grundlegende Frage beantwortet: Thwaites' langwieriges Bastelprojekt verdeutlicht, wie stark wir uns auf die menschliche Gemeinschaft und unser über Generationen geformtes kollektives Wissen stützen. Doch sollten wir es uns nicht zu einfach machen. Ein bequemes, annehmliches Leben ohne Ecken und Kanten ist oft nicht erfüllend. So beschreibt es auch Oliver Burkeman in seiner Radiosendung »Inconvenient Truth«.

Technisierung und ein immer reibungsloserer Alltag bergen Risiken wie Vorteile. Wenn wir heute eine Pizza über eine App bestellen, fühlt sich das an wie Fortschritt. Was dabei wegfällt, ist das leicht unangenehme Telefongespräch mit einer unbekannten Person, die unsere Postleitzahl durcheinanderbringt. Dabei ist dies nur ein kleiner Vorgeschmack auf die größeren Ärgernisse, die das Leben für uns bereithält. Burkeman schlägt vor, dass wir uns immer mal wieder für die unbequemere Option, nämlich für die menschliche Interaktion, entscheiden sollten. Denn im Endeffekt ist diese gar nicht so unangenehm, im Gegenteil, sie schenkt uns ein Gefühl der Zugehörigkeit und Teilnahme. Dass diese kleinen zwischenmenschliche Interaktionen nicht immer glattlaufen, macht ja gerade ihren Reiz aus. Die Reibung lässt einen Muskel wachsen; eine Kraft, die wir eines Tages für die wirklich unangenehmen Erfahrungen brauchen, die das Leben ausmachen. Menschen sind nun mal unbequem.

Tatsächlich funktionieren scheinbar bequeme Ansätze oft nicht so störungsfrei wie gedacht. Gängige Beispiele sind der

»unerwartete Artikel im Einpackbereich« an der Selbstbedienungskasse oder die Handy-App, die unsere Bankfiliale ersetzt hat, aber unser Gesicht nicht erkennt. Langfristig betrachtet kann maximale Annehmlichkeit das Leben verschlechtern.

Vielleicht ist das der Grund, warum ich meine Arbeit so liebe. Die Tätigkeit auf der Intensivstation ist anstrengend, sie hat traurige Momente, doch zugleich treten die Höhepunkte deutlicher hervor: Die Freude, wenn ein Patient über den Berg ist. Ich glaube, unser Leben wird um einiges reicher, wenn wir im Schnellrestaurant direkt beim Personal bestellen, anstatt auf die App zu tippen; wenn wir die SB-Kasse links liegen lassen und lieber holprigen Small Talk am Warenband führen; wenn wir unsere Pizza am Telefon bestellen, auch wenn dabei nicht der gewünschte Belag herauskommt, aber vielleicht ein anderer, der sogar besser schmeckt.

»Niemand ist eine Insel« ist gleichbedeutend mit »Niemand kann einen Toaster bauen«. Und selbst wenn es jemand könnte, macht es weniger Spaß, als sich einem solchen Projekt gemeinsam zu widmen. Es ist immer besser, mit einem Unbekannten zu trinken als alleine. Der Toasterbau ist eine Parabel auf die Komplexität der modernen Zivilisation und unsere unterschätzten gegenseitigen Abhängigkeiten. Es kostet Anstrengung, wenn man wie Thwaites begreifen will, wie wir uns in das große Gesamtbild menschlicher Errungenschaften einfügen. Es gibt ein unsichtbares Dorf aus Fremden, das uns Tag für Tag trägt, ohne dass wir ihm Beachtung oder Dank schenken. Mike wurde an seinem Angeltag von einer solchen Gruppe Unbekannter gerettet, die sich aus zutiefst menschlichen Beweggründen zusammentaten. Er war ans Meer gefahren, um allein zu sein, und doch kam er nur lebend davon, weil er von anderen umgeben war.

Auch Thomas Thwaites ist aus einer Gemeinschaft von Fremden hervorgegangen. Er wurde in England geboren, als Sohn einer Kinderbuchautorin und eines DIY-Profis, einige seiner Vorfahren aber waren im 19. Jahrhundert nach Neuseeland ausgewandert. Sie fanden sich damals in einer ebenso schönen wie beängstigenden Umgebung wieder. Ihr Überleben hing nicht von individuellen Fähigkeiten ab, sondern von den kollektiven Anstrengungen einer Gemeinschaft, die aus einander Fremden zusammenwuchs. Die Menschen, die sich auf diesem Flecken Erde niederließen, die sich den Herausforderungen gemeinsam stellten und sich gegenseitig unterstützten, wurden unabhängig von ihrer Herkunft zu einer Familie: Man teilte das Wenige, was man besaß, sei es Essen, Werkzeug oder Wissen über das Land. Dieser Geist der Güte und Hilfe war das Fundament, auf dem sich die Pioniere eine neue Existenz aufbauten und die Wildnis in ein Zuhause verwandelten. Die Gemeinschaft sicherte das Überleben und Wohlergehen von Thomas Thwaites Familie, die so den Grundstein für seine zukünftige Erforschung eben dieses Themas legen konnte: Unsere Abhängigkeit von anderen, verdeutlicht an der Geschichte eines Toasters.

Unser Leben wird durch unsichtbare Fäden gehalten, die uns mit Metallurgen und Elektrotechnikern, mit Landwirten, Ärzten, Künstlern und unzähligen anderen Menschen verbinden. So ist das Toaster-Projekt eine eindringliche Erinnerung an unsere gemeinsame Menschlichkeit: Es unterstreicht, dass die Stärke unserer Gesellschaft nicht in rauem Individualismus liegt, sondern in unserer Verletzlichkeit und Zusammenarbeit. Tatsächlich sind unsere größten Errungenschaften keine Einzelleistungen, sondern das Ergebnis einer gemeinsamen Vision und gemeinsamer Anstrengungen. Sie lassen uns unseren Platz im riesigen Mosaik der Gemeinschaft anerkennen und wertschätzen.

Auch wenn eine Gemeinschaft schwierige Fragen nicht beantworten kann oder will, verliert sie dadurch nicht an Wert. Oftmals wollen Menschen gar keinen Rat, sie verlangen keine bestimmte Lösung für ein Problem, da sie bereits wissen, was zu tun ist. Sie wünschen sich stattdessen, dass man ihnen zuhört und sie unterstützt. Unsere Stärke und unser Überleben als Spezies beruhen nicht auf einem Individualismus wie er in vielen modernen Mythen gefeiert wird, sondern auf unserer Fähigkeit zur Zusammenarbeit, zum Teilen von Wissen. Wir sind Zwerge auf den Schultern von Riesen. Beenden wir also unser Einzelkämpfertum. Das Toasterprojekt von Thomas Thwaites wurde von einem Zitat aus *Einmal Rupert und zurück*, dem fünften Teil von Douglas Adams' *Per Anhalter durch die Galaxis* inspiriert. Dort muss der Protagonist Arthur Dent erkennen: »Auf sich allein gestellt, konnte er nicht einmal einen Toaster zusammenbasteln. Er konnte ein leidliches Sandwich machen, aber das war auch schon alles.«

Ich kann nur sagen: Umso besser.

Einen Monat nachdem Mike ertrunken war, traf sich das Dorf aus Unbekannten, das ihm ein neues Leben geschenkt hatte. Man hatte sich im Gebäude der Wasserrettung mit Mikes Familie verabredet. Alicia wusste, dass Mike überlebt hatte, sie wusste aber nicht, wie sein Leben jetzt aussah. Sie hatte von geretteten Ertrinkungsopfern gehört, die im Anschluss auf Intensivpflege angewiesen waren. War Mike womöglich zu lange im Wasser gewesen, um sich vollständig zu erholen?

Nach außen hin mochte Alicia stark wirken, doch zeigte sich ihre Beunruhigung in Schlaflosigkeit und starker Migräne. Aber sie biss die Zähne zusammen und schaffte es gerade noch zu dem Treffen. Als sie den Raum betrat, erblickte sie zunächst Mountain Man, dann die Frau im gelben Mantel und einige Personen, von denen sie annahm, dass es Mikes Familie sei. Mike aber war nicht zu sehen. Bevor sie nachfragen konnte, hörte Alicia hinter sich eine Stimme. »Ihr habt also ohne mich angefangen, ja?«

Mikes Weg in sein zweites Leben war mühevoll gewesen. Eine Woche auf der Intensivstation, dank Mountain Mans Einsatz mit erheblichen Rippenschmerzen, dann eine lange Genesungsphase zu Hause, mit wiederkehrenden Träumen und Flashbacks. Leider ist es ja oft so, dass wir Erinnerungen behalten, die wir lieber los wären, und das Schöne leicht vergessen. Mike hatte schon wieder zu arbeiten begonnen, wahrscheinlich zu früh. Mit einer herzlichen Umarmung bedankte er sich bei Alicia für seine Rettung. Nur zwei Monate nach seinem Herzstillstand sei er wieder Angeln gegangen, erzählte er ihr. Seine Frau verabschiedet ihn jetzt mit den Worten: »Fahr vorsichtig. Und nicht ertrinken.« Bei seinem ersten Angelausflug floss ein seichter Wasserstrom über seine Stiefel und ihm lief ein Schauer über den Rücken. Aber schon bald kehrte er zu seinen Solo-Abenteuern zurück – mit der Gewissheit, dass er von einem Dorf aus Fremden umgeben ist. Auch Alicia nahm ihre Ausflüge ans Meer wieder auf und schwamm schon im Frühjahr wieder im Meer, ganz in der Nähe der Rettungsstation. Auf dem Rücksitz in ihrem Auto sieht man immer noch die Flecken von ihrem Sandwich. Zum Ende der Wiedersehensfeier sagte Mike: »Das Angeln gebe ich nicht auf, nur das Ertrinken.«

6

EIN HERZ IM GLAS

Jen, vierunddreißig
Todesursache: Herzschwäche
Lebensursache: Vitam vive, lebe dein Leben

Sechs Wochen, bevor ich Jen zum ersten Mal sah, habe ich ihr Herz gesehen, nämlich in einem Glasgefäß in einem Londoner Museum. Jen ist der einzige Fall in diesem Buch, bei dem das Herz nach dem Stillstand nicht wieder zu schlagen anfing. Damit sie leben konnte, brauchte sie jemanden, der ihr sein Herz schenkte.

Ich traf Jen an einem sonnigen Wintertag. Sie wirkte kerngesund mit ihrem blitzenden Lächeln und den rosa Wangen. Die weichen Locken fielen ihr bis auf die von einem flauschigen blauen Wollpulli bedeckten Schultern. Sonnlicht strömte durch die Fenster ihres an Englands schroffer Südküste gelegenen Hauses.

»Ich weiß gar nicht, wo ich anfangen soll«, sagte sie. »Es war ein interessantes Leben bisher.«

Interessant, so kann man es auch nennen. Näher an der Realität wäre wohl »hart«. Jen kann sich nicht daran erinnern, ihre

Mutter jemals anders als krank erlebt zu haben. Während ihr Vater, von Beruf Botaniker, für das Naturhistorische Museum die Welt bereiste, führte sie eine Kindheit auf dem Drahtseil. Als ihre Mutter starb, war Jen gerade einmal dreizehn. Ihre Welt zerbrach. Dabei wusste sie da noch nicht, dass sie dieselbe Herzerkrankung hatte wie ihre Mutter und nur eine Transplantation helfen könnte – die Operation, bei der ihre Mutter ums Leben gekommen war.

Dass etwas mit ihr nicht stimmte, merkte Jens Mutter an dem Tag, als sie im Schulbus ohnmächtig wurde. In den folgenden Jahren musste sie sich mehrfach im Krankenhaus behandeln lassen, ab Mitte zwanzig aber ließ sich ihrer Herzinsuffizienz kaum noch entgegenwirken. Jens Eltern hatten noch während des Studiums in Cambridge geheiratet und wünschten sich ein Kind, obwohl ihrer Mutter gesagt worden war, dass eine Schwangerschaft sie das Leben kosten könnte. Jen wurde drei Monate zu früh geboren, ihr Leben stand auf der Kippe. Als Jen zehn Jahre alt war, konnte ihre Mutter das Haus nicht mehr verlassen. War die Familie früher zum Pub spaziert, um dort den Sonntagsbraten zu verspeisen, übernachtete Jen nun immer öfter bei Freunden, da ihre Mutter lange Phasen im Krankenhaus verbringen musste.

Einige Tage nach ihrem dreizehnten Geburtstag kam ein wichtiger Anruf. Jen wusste, dass es etwas Bedeutendes war, denn ihr Vater war ausnahmsweise zu Hause und hatte eine lange geplante Reise zu den Maya-Ruinen abgesagt. Es wurde leise gesprochen, es wurden Koffer gepackt und Tabletten sortiert. Jen sollte ihre Mutter zum Abschied umarmen, dann fuhren die Eltern ins Krankenhaus.

»Es fühlte sich anders an. Ich wusste, dass es etwas Schlimmes war, aber niemand wollte mir sagen, was los war.«

Drei Tage darauf, Jen und ihr Bruder kamen gerade aus der Schule, warteten Vater und Großmutter am Küchentisch und hielten sich an Tassen mit kaltem Tee fest.

»Mama ist tot.«

Jens Mutter Sally war während der Herztransplantation gestorben. Die Operation war der letzte verzweifelte Versuch gewesen, eine fortgeschrittene Herzinsuffizienz zu heilen, von der wir heute wissen, dass sie durch eine seltene Erbkrankheit verursacht wurde. Einen Gendefekt, der nur die weibliche Seite der Familie betrifft.

Sally war eine furchtlose Frau gewesen. Eine Frau, die das Leben liebte, sich nichts vorschreiben ließ und ihre Familie immer an erste Stelle setzte. Sie hatte gewartet, bis sie Sauerstoff und einen Rollstuhl benötigte, bevor sie einer Transplantation zustimmte. Sie kannte die Risiken, sie wusste, was das für ihre beiden Kinder bedeuten könnte.

So viel Liebe sie ihnen auch mitgegeben hatte, nach Sallys plötzlichem Tod hörte auch das Leben ihrer Kinder auf. Keine Ballettstunden mehr. Keine Reitausflüge. Keine Familienbesuche. Über ihre Mutter wurde nicht einmal mehr gesprochen. Am Freitag war die Beerdigung, am Montag drauf ging Jen wieder zur Schule. Obwohl sie von Nonnen unterrichtet wurde, denen man ein gewisses Einfühlungsvermögen hätte zutrauen können, fragte niemand nach ihrer Mutter. Niemand erwähnte Sallys Namen. Sogar gute Freunde gingen Jen aus dem Weg, weil sie nicht wussten, was sie sagen sollten. Also sagten sie nichts. Es war, als wäre Jens Mutter ein zweites Mal gestorben. Ihr Vater nahm seine Reisen wieder auf, das Haus leerte sich, die Großmutter tat ihr Bestes. Nach sechs Monaten rief die Schulleiterin Jen in ihr Büro.

»Geht es dir gut?«, fragte sie.

»Ja …«, antwortete Jen, aus Angst, dass sie aus ihrer Restfamilie genommen werden könnte, wenn sie die Wahrheit sagte.

»Schön.«

Das war's. Wenn die Eltern sterben, ist die Kindheit vorbei. Jen hatte nicht nur ihre Mutter verloren, sondern auch alles andere.

Ich habe zwei wundervolle Töchter. Evie, die ältere, ist ein fleißiges, lernbegieriges, launisches und türenknallendes Mädchen. Sie liest für ihr Leben gern, mag Geschichte und gute Noten. Papa ist immer peinlich, und jeder Vorschlag, jede Idee von ihm ist grundsätzlich der falsche Vorschlag oder die falsche Idee. Und dann ist da noch Mimi – drei Jahre jünger, rothaarig und verrückt. Als Kleinkind geriet sie bei scheinbar unwichtigen Anlässen in Wut, etwa, wenn sie ihr Frühstücksmüsli nicht mit einem Eisportionierer essen durfte. Das hat sich bis heute nicht geändert. Als Mimi sich in der Schule mit einem neuen Mädchen namens Catrin anfreundete, das ebenfalls rote Haare hatte, wussten wir, dass es kompliziert würde.

Wir stellten schnell fest, dass sich die Vorortleben unserer beiden Familien bereits gekreuzt hatten. Ich hatte im selben Fitnessstudio trainiert wie Catrins Mutter, und meine Frau und Catrins Vater besuchten denselben Sportkurs. Wir hatten viele gemeinsame Bekannte, und unsere Leben hatten sich überschnitten, ohne dass wir in Kontakt getreten waren. Wir erinnerten nun uns auch daran, dass Catrins Mutter Charlotte an einem Gehirntumor gestorben war. Da war Catrin gerade zehn Jahre alt gewesen.

Obwohl ich auf der Intensivstation täglich mit dem Tod konfrontiert bin, tappten wir, als Catrin zum ersten Mal bei uns zu

Besuch war, in dieselbe Falle wie Jens Freunde. Wir vermieden Themen, die mit »Mama« zu tun hatten, und an Weihnachten oder Geburtstagen rückten wir die Freude in den Vordergrund und schoben den Verlust beiseite. Aber Catrin wusste es besser. Sie war mutiger als wir. Beim Backen sagte sie: »Das hat Mama auch immer so gemacht« oder »Meine Mama hatte auch rote Haare, wir haben immer ›Löwin‹ zu ihr gesagt«. Irgendwann folgten wir ihrem Beispiel. Wir ließen uns Fotos von Charlotte zeigen, wir erwähnten sie am Muttertag, wir sprachen von ihr. In einem Gottesdienst zündeten wir eine Kerze für sie an. Wir bewahrten die Erinnerung an »eine strahlende, mutige, freundliche und selbstlose Frau mit einem unvergänglichen Lächeln«, wie ihr Ehemann Dafydd und ihre älteste Tochter Freya sie beschrieben. Dieses Totengedenken war keine düstere Trauer. In Nachrufen werden ja gerne seltsame Tücken und komische Macken ausgespart. Doch wie schon Leonard Cohen sang, sind es ja gerade die Brüche und Risse, die das Licht hineinlassen: »There is a crack in everything. That's how the lights get in«. Bei einer von Charlottes Familie organisierten Spendenaktion für die Hirntumorforschung erinnerten sich Freunde, dass bei Charlottes Beerdigung neben dem Licht auch die Brüche zur Sprache kamen, die sie zu einer so besonderen Frau machten, und dass genauso viel gelacht wie geweint wurde.

Es heißt, man stirbt zweimal – einmal, wenn der Körper stirbt, und dann, wenn niemand mehr unseren Namen nennt. Die Spendenaktion fand in einem Fitnessstudio statt: Über einhundert Teilnehmer absolvierten in Paaren anstrengende Übungen, dazu spielte Charlottes Lieblingsmusik. Dafydd sorgte mit Freya fürs Mittagessen, und natürlich bildeten Catrin und meine Tochter Mimi ein Team. Das Event fand in Charlottes Namen statt, und das buchstäblich, denn für jede Übung gab es einen Buchstaben, und alle zusammen ergaben am Ende CHARLOTTE. Charlotte ist nur ein Mal gestorben, und das dank der Menschen, die sie geliebt haben und weiter lieben und nicht aufhören, ihren Namen zu sagen.

Dann traten bei Jen Symptome auf. Sie war immer sportlich gewesen, sie spielte gerne Hockey, Tennis und Squash, aber Crossläufe konnte sie irgendwann einfach nicht mehr bewältigen. Sie hielt die Distanz nicht durch und wurde von ihrem Sportlehrer angebrüllt, weil sie immer wieder anhalten musste. Kurz danach merkte Jen, dass ihr der Anstieg auf dem Heimweg von der Schule steiler vorkam. Sie war vierzehn, als sie fortan auf halber Strecke stehen blieb und sich die Schuhe band, anstatt ihren Freunden zu sagen, dass sie außer Atem war.

Immerhin gab es einen tröstlichen Empfang, wenn Jen nach Hause kam. Nicht von Menschen, sondern von ihren tierischen Freunden, die das Haus bevölkerten – von Geckos, Kröten, Ratten und ihrem alten Kater Sam.

»Sam war mein bester Freund, mein Vertrauter, mein Fels«, erzählte mir Jen. »Er schlief immer auf meinem Bett, und er leistete mir Gesellschaft, wenn mein Vater nicht da war.«

Als Sam nicht mehr trinken wollte, trug Jen ihn zum Tierarzt, dessen Praxis neben dem Krankenhaus lag, in dem ihre Mutter gestorben war. Minuten später ging sie mit leeren Händen wieder hinaus. Wie ihre Mutter war Sam in ein Gebäude gegangen, das er nicht wieder verlassen sollte. Diese Erfahrung brachte Jen dazu, an der Landwirtschaftsschule eine Ausbildung in Tierpflege zu machen. Im Anschluss bewarb sie sich an der Aberystwyth University.

Nach ihrer Ankunft in der walisischen Universitätsstadt wurden Jen nicht etwa die Anforderungen des Studiums oder die walisische Aussprache zur Hürde, sondern die Steigung auf dem Weg zum Hörsaalgebäude. Jetzt reichte es nicht mehr aus, ihre Schnürsenkel zu binden, also nahm Jen eine Digitalkamera und nutzte die Atempausen, um Fotos zu machen. Zuerst musste sie auf halber Strecke anhalten, einen Monat später nach einem Viertel der Strecke und schließlich, um Weihnachten, alle fünfzig Meter. Ihre Atemnot wurde immer schlimmer, und tief in ihrem Inneren wusste sie, dass sie das gleiche Problem hatte wie ihre Mutter. Irgendwann kehrte sie zwischen den Vorlesungen nicht in ihre Wohnung zurück, sondern blieb den ganzen Tag oben auf dem Hügel. Sie ging nicht aus, um lange Fußwege nach Hause zu vermeiden. So verlor sie erneut ihre Freunde.

Jen hatte keine Familie, auf die sie zurückgreifen konnte, ihr Vater war ja kaum da, und so wurde sie von der Familie ihres Freundes adoptiert – ihren »Engeln«, die auf einem Bauernhof in der Nähe lebten. Sie war neunzehn und hatte die Universität aufgrund ihrer Gesundheitsprobleme abgebrochen, als sie die Diagnose erhielt, von der sie schon die ganze Zeit gewusst und dennoch gehofft hatte, dass sie nicht wahr wäre. Sie litt genau wie ihre Mutter an einer schweren Herzinsuffizienz. Genau wie ihre Mutter benötigte sie eine Transplantation. Und Jen rechnete damit, dass sie genau wie ihre Mutter sterben würde.

So unglaublich es klingt, doch diese Erkenntnis veränderte sie nicht. Sie machte sie nicht traurig oder wütend. Jen fuhr mit dem Quad über die Felder, arbeitete auf dem Hof mit und ging auf Trockenpisten Ski fahren. Sie war langsam, sie musste häufig Pausen einlegen, aber das war eben ihr Leben. Und sie wollte jede Sekunde dieses Lebens auskosten, sie wollte es jetzt leben, nicht später. Sie kämpfte, doch immerhin wussten ihre Freunde nun, dass sie krank war und hatten Verständnis. Sie stellten sich darauf ein.

Jen wusste um ihre Krankheit und sprach auch darüber, doch ließ sie sich nicht von ihr bestimmen. So führte sie ein beinahe normales Leben. Oder nein. Ein übernormales Leben. Sie ging sogar wieder zur Universität.

»Ich musste da einfach durch«, sagte mir Jen. »Es ist gar nicht so schwer, wenn es einem selbst passiert. Man hat ohnehin kaum Kontrolle, und dann lässt man sich eben darauf ein. Das Leben ist wie es ist. Ich wollte dieses Leben leben, solange ich eins hatte. Aufhören hätte bedeutet, dass ich gestorben wäre, während ich noch lebte.«

Wie lässt sich das Durchhalten durchhalten, auch wenn alles um einen zusammenbricht?

> *Der Sultan fragte Solomon nach einem Motto, das in guten wie in schweren Zeiten Bestand hätte. Solomon antwortete: »Auch das vergeht.«*
>
> »Solomons Seal« von Edward FitzGerald, 1852

Die Welt um uns herum mag sich anfühlen wie eine sorgfältig komponierte Symphonie, wir selbst aber kommen uns oft vor wie in einem irren Jazz-Solo und mühen uns mit den unerwarteten Tönen des Lebens ab. Der portugiesischen Pianistin Maria João Pires erging es einmal ganz ähnlich. Verglichen mit Jens Geschichte ist diese Begebenheit zwar nur ein winziger Ausschnitt des Chaos, und doch zeigt sie, wie wichtig Durchhaltevermögen, Anpassungsfähigkeit und die Unterstützung anderer sind, wenn wir schwierige Momente erleben. Wie Jen musste Maria »einfach da durch«. Sie hatte keine andere Wahl.

An einem klaren Herbstabend hatte Maria im übervollen Amsterdamer Royal Concertgebouw hinter dem Flügel Platz genommen. Zweitausend Zuhörer wollten einer offenen Probe lauschen. Eigentlich hatte ein anderer Künstler Mozarts Klavierkonzert Nr. 20 in d-Moll darbieten sollen – zum Glück hatte man nach seiner Absage mit Maria, einer führenden Interpretin der Musik des 18. Jahrhunderts, einen würdigen Ersatz gefunden. In dem Video von der offenen Probe kann man förmlich spüren, welche Last der Erwartung auf der Pianistin lastete. Das Publikum rutschte gespannt auf seinen Sitzen hin und her, alle 4000 Augen waren auf Maria gerichtet. Marias Finger schwebten über den Tasten – bereit, in die komplexen Tiefen des Concertos abzutauchen. Doch als die ersten Töne des Orchesters erklangen, stand Marias Welt plötzlich still.

Ihre Pläne waren in Sekundenbruchteilen zerplatzt. Sie hatte geglaubt, auf dem Programm stünde das Konzert KV 488, so hatte sie es in dem Telefonat vom vorigen Abend verstanden. Tatsächlich sollte aber KV 466 gespielt werden. Nun drohte sie heftige, unerbittliche Panik zu überwältigen. Doch inmitten dieses inneren Aufruhrs traf sie der ermutigende Blick des Dirigenten. Wie ein Leuchtturm auf stürmischer See bot er ihr einen Funken Hoffnung. Maria machte eine ähnliche Erfahrung wie Jen durch die Unterstützung ihrer Adoptivfamilie: Die Hoffnung der anderen war ihre. Maria holte tief Luft, schloss die Augen und ließ den kalten Schauder der Angst vorüberziehen. Mit leisen Worten redete der Dirigent ihr gut zu, und Maria gab flüsternd zurück: »Ich mache es, so gut ich kann.« Und dann begab sie sich auf eine emotionale Reise durch die Klänge eines Stücks, das sie seit zehn Monaten nicht mehr gespielt hatte. Jede Note war ein Schritt ins Ungewisse.

Bei der Uraufführung von Mozarts 20. Klavierkonzert im Jahre 1785 gingen viele von einem Misserfolg aus. Das Publikum sah Konzerte damals als reine Unterhaltung an. Als Mozart nun ein Stück in Molltonart voller Wehklage und Dramatik vorstellte, ging er damit ein großes Risiko ein. Bei dem wählerischen Wiener Adel, auf dessen finanzielle Unterstützung Mozart angewiesen war, hätte eine solche Musik auf Abneigung treffen können. Doch dem war nicht so: Durch seinen Regelbruch verwandelte Mozart das Klavierkonzert für immer von einer fröhlichen Unterhaltung in ein Mittel zur tiefen emotionalen Reflexion.

Das war es auch für Maria. Sie meisterte die unerwartete Darbietung, ihre Musik war weit mehr als bloße Noten auf einem Blatt Papier. Das Konzert wurde zu einer Erzählung über Durchhaltevermögen und Anpassungsfähigkeit, es spannte einen harmonischen Bogen zwischen Vorhaben, Missgeschick und spontaner Rettung. War der Konzertsaal zu Beginn eine einschüchternde Arena der Erwartungen gewesen, so verwandelte er sich ab den ersten Takten in eine Zuflucht des gemeinsamen Menschseins, in einen Ort des Beistands und des Mitgefühls. Die Standing Ovations, die auf Marias letzten Ton folgten, waren nicht nur Ausdruck der Bewunderung für ihr musikalisches Talent, sie waren auch Anerkennung für ihren bemerkenswerten Wechsel von der Panik zur Gefasstheit. Es war eine Würdigung ihrer Fähigkeit, im Regen zu tanzen und einen potenziell lähmenden Fehler in ein kraftvolles, ungeplantes Meisterwerk zu verwandeln.

Das Leben ist im Grunde Improvisation. Unsere Pläne und Vorhaben sind vielleicht Zielmarken, prägend und entscheidend aber sind unsere Anpassungsfähigkeit und das Vertrauen und die Ermutigung unserer Mitmenschen. Indem wir die eigene Verletzbarkeit akzeptieren und unvorhergesehene Herausforderungen annehmen, entwickeln wir die Kraft, Rückschläge in Chancen zu verwandeln. Es sind eben diese Situationen, an denen wir wachsen und aus denen wir lernen können. Niemand ist vor irgendetwas gefeit. Wir alle erleben schreckliche und wunderbare Dinge.

Marias ungeplante Reise in die Welt von Mozarts D-Moll-Konzert beeindruckte als Zeugnis für die Schönheit von Fehlern und die Kraft der Ermutigung. Ihre Darbietung war eine lebhafte Erinnerung daran, dass es im Konzert des Lebens oft nicht um die Beherrschung der geplanten, sondern den Umgang mit den unvorhergesehenen Tönen geht.

Vielleicht hat Jazz-Schlagzeuger E. W. Wainwright recht, wenn er sagt: »Ein Fehler ist das Schönste auf der Welt. Nur über ihn kann man an einen Ort gelangen, an dem man noch nie war. Ich versuche, so viele wie möglich zu machen. Nur wer Fehler macht, kann wachsen.«

Jen wusste nicht, ob sie lange genug leben würde, um ein neues Organ zu erhalten. An der Uni trug sie ständig einen klotzigen Pager bei sich. Während ihrer Abschlussklausuren lag das alle paar Sekunden blinkende Gerät auf dem Tisch der Aufsicht. Dass sie ihre Gehpausen zum Fotografieren genutzt hatte, führte dazu, dass sie sich als Hochzeitsfotografin betätigte. Die Aufnahmen, die sie von den Wildtieren im New Forest Nationalpark machte, hingen schon bald in Ausstellungen und Kunstgeschäften.

Als sie sich wieder einmal in die Natur aufmachte, um wilde Rehe zu fotografieren, nahm ihr Leben eine jähe Wendung. Jen saß mit Gummistiefeln und Regenjacke bekleidet in ihrem fuchsroten Land Rover und hörte Jack Johnsons neuestes Album *In Between Dreams*, als beim Song »Sitting, Waiting, Wishing« das hohe Piepen des Pagers dazwischenfuhr. Eine Dreipunktwende mitten auf der Landstraße brachte Jen zurück zum Hof ihrer Ersatzfamilie, wo gerade der Sonntagsbraten auf den Tisch kam. Hastig wurde eine Tasche gepackt, im nächsten Augenblick fuhr der Krankenwagen vor, der Jen in ihr neues Leben bringen sollte.

Jen war entschlossen, das Beste aus dieser Reise zu machen. Immerhin könnte es ihre letzte sein. »Wenn ich sterbe, möchte ich, dass die Menschen mich so in Erinnerung behalten«, sagte sie den Sanitätern und sang jedes Radiolied mit, das während der eineinhalbstündigen Blaulichtfahrt aus dem Autoradio schallte. Sie wichen immer mal wieder auf den Seitenstreifen aus und teilten die Automassen wie das Rote Meer.

»Ich dachte, ich müsste sterben, so wie meine Mutter«, erzählte sie mir.

Wie konnte die so kranke Jen so glücklich sein? War sie einfach extrem tapfer? Was würden wir in so einer Situation tun? Singen oder grübeln? Angesichts um sich greifender Mikroaggression und Manipulation sollten wir uns daran erinnern, wie unglaublich widerstandsfähig Menschen sein können. Wir sind stark, vergessen wir das nicht.

Angenommen wir gewinnen morgen im Lotto. Innerhalb von vierundzwanzig Stunden landen 10 Millionen Euro auf unserem Bankkonto, unser Leben ist über Nacht ein anderes. Und nun stellen wir diesen plötzlichen Geldsegen dem Schicksal unseres Nachbarn gegenüber. Bei ihm führt ein tragischer Unfall dazu, dass ihm das rechte Bein amputiert werden muss. Innerhalb von vierundzwanzig Stunden verändert sich auch sein Leben drastisch. Auf den ersten Blick liegen unser Glück und sein Unglück an entgegengesetzten Enden des Spektrums. Doch als eine Studie aus den 70er Jahren der Frage »Lotteriegewinner und Unfallopfer: Ist Glück relativ?« nachging, stellten ihre Ergebnisse die gängige Meinung über Glück und Zufriedenheit infrage. Die anfängliche Euphorie nämlich, die wir als frischgebackene Millionäre erleben, lässt allmählich nach – ein Phänomen, das Psychologen als »hedonistische Tretmühle« bezeichnen. Enormer Reichtum bringt ganz eigene Belastungen und Schwierigkeiten mit sich und verwässert die erwartete pure Freude. Unser Nachbar indessen, der mit einer Realität konfrontiert ist, die leicht in die Verzweiflung führen kann, wird wahrscheinlich einen Weg der Anpassung nehmen und könnte so zu einer alle Erwartungen übertreffenden inneren Stärke und Zufriedenheit finden. Er ist stärker, als er denkt. Das sind wir alle.

Die entscheidende, von Forschungen untermauerte Erkenntnis steckt in der menschlichen Anpassungsfähigkeit. Ähnlich wie unser Umgang mit Stress ist auch unser Zufriedenheitslevel bemerkenswert formbar. Denn wir erkennen, dass äußere Umstände, mögen sie glücklich oder katastrophal sein, nur teilweise Einfluss auf unser Wohlbefinden nehmen.

Die Studie hat gezeigt, dass Zufriedenheit unabhängig von objektiven Lebensumständen existiert. Unsere Einstellung und unsere Perspektive beeinflussen Erfahrungen ebenso stark wie tatsächliche Ereignisse. Der sogenannte Kontrasteffekt bringt mit sich, dass Ereignisse selten einen festgelegten Wert haben: Wir weisen den Dingen vor allem durch Vergleich eine Qualität zu. Ein Lottogewinn ist so über alle Maßen gut, dass uns womöglich andere gute Dinge im Leben weniger zufrieden machen. Außerdem gewöhnt man sich schnell daran. Nach einiger Zeit kommt man mit immerhin einem Bein gar nicht so schlecht zurecht, und es ist gar nicht mehr so toll, 10 Millionen Euro zu besitzen.

Und so wird deutlich, wie wichtig innere Ressourcen für die Bewältigung der Wechselfälle des Lebens sind. Nicht die Abwesenheit von Stress bestimmt unser Wohlbefinden, sondern unsere Reaktion darauf. Haben wir das komplexe Wechselspiel zwischen Zufall, Entscheidung und Resilienz einmal verstanden, so können wir unser Streben nach Glück in einen breiteren Rahmen setzen.

Letztendlich hängt Glück oder Sinnhaftigkeit weniger davon ab, was uns widerfährt, sondern vielmehr davon, wie wir Ereignisse interpretieren. Auf der Suche nach Zufriedenheit ist nicht das große Los das wichtigste Ziel, sondern die nötige Resilienz, Anpassungsfähigkeit und Perspektive im Falle einer Niete.

Jen hatte damit gerechnet, wie ihre Mutter zu sterben. Als sie nach der Operation aufwachte, hielt sie beide Daumen hoch und freute sich: »Ich habe es geschafft. Ich lebe!« Nach nur sechzehn Tagen im Krankenhaus konnte Jen nach Hause gehen. Nur ihr altes Herz blieb zurück.

Jede Herztransplantation ist beeindruckend, doch die OP, die ich miterlebte, war mehr als das. Sharareh Ahmadzadeh, eine 28-jährige Lehrerin, hatte ganze sieben Jahre die Welt bereist. In Kroatien, ihrer letzten Station vor der Heimreise nach Australien, wurde sie plötzlich krank. Sie hatte Atemprobleme, die man zunächst einer einfachen Erkältung zuschrieb.

Doch bald nach ihrer Rückkehr wurde bei ihr eine Kardiomyopathie, also eine Herzinsuffizienz, diagnostiziert. Diese war im Gegensatz zu Jen nicht vererbt, sondern sehr wahrscheinlich durch ein Virus verursacht. Drei Wochen nach ihrer »Erkältung« stand Sharareh auf der Warteliste für ein Spenderorgan.

Trotz der fabelhaften Menschen und des hervorragenden Gesundheitssystems in Shararehs Heimat Western Australia gab es da einen Haken: Das Land ist einfach zu groß. Der australische Bundesstaat ist zehnmal so groß wie Großbritannien, bei einer Einwohnerzahl wie Wales. Das macht ihn zu einem beeindruckenden Reiseziel und Lebensort, doch zu einem der letzten Flecken, wo man sein möchte, wenn man eine Herztransplantation benötigt.

Ein entnommenes Organ hat nur eine begrenzte Haltbarkeit, obwohl es sofort gekühlt wird. Herzen sind besonders empfindlich, sobald sie sich nicht mehr in einem Organismus befinden, und ein Transport, der über drei Flugstunden hinausgeht, wäre schon zu weit. Die Wahrscheinlichkeit, innerhalb dieses engen Zeitfensters und geringen Umkreises einen passenden Spender für Sharareh zu finden, war also sehr gering. Doch an diesem Punkt kommt eine Box ins Spiel – und zwar keine alte Pappschachtel, sondern das 500 000 Dollar teure Organ Care System des US-Unternehmens TransMedics, eine Konservierungsbox, die das Herz während des Transports in Funktion hält. Durch die neue Methode können in Perth lebende Patienten wie Sharareh gesunde Herzen aus so weit entfernten Orten wie Sydney oder sogar Neuseeland erhalten.

Ich weiß noch gut, wie die durchsichtige Box ankam, mit einem glänzend roten Herzen darin, das schlug, obwohl es in keinem Menschen steckte. Sein Anblick gehört zu meinen Höhepunkten am Transplantationszentrum in Perth.

Das dem Spender entnommene Herz wird in die sterile Kammer des Organ Care Systems gelegt und an einen ausgeklügelten Perfusionskreislauf angeschlossen. Dieser versorgt das Herz mit einer warmen, sauerstoffhaltigen und nährstoffreichen Blutlösung und schafft so ähnliche Bedingungen wie im menschlichen Körper. Die Funktion und Lebensfähigkeit des Herzens wird kontinuierlich überwacht, wobei Parameter wie Temperatur, Druck und Durchflussrate in Echtzeit gemessen werden. Im Gegensatz zur herkömmlichen Kühllagerung, bei der die Transportzeit auf wenige Stunden begrenzt ist, bleibt das Herz im Organ Care System bis zu acht Stunden lebensfähig. Diese verlängerte Konservierungszeit ermöglicht längere Transportwege und stellt sicher, dass das Organ bis zur Ankunft beim Empfänger gesund und funktionsfähig bleibt, wodurch die Erfolgsrate von Transplantationen erhöht und der Spenderpool erheblich erweitert wird.

Acht Stunden wurde Sharareh operiert und profitierte damit als erste Person der südlichen Hemisphäre von dem durch Herzspezialist Dr. Robert Larbalestier am Royal Perth Hospital eingeführten Verfahren. Seitdem kann Sharareh wieder das tun, woran sie Freude hat – unterrichten, reisen und sogar an dem siebeneinhalb Meilen langen City to Surf-Wohltätigkeitslauf vom Stadtzentrum von Perth zum tiefblauen Meer teilnehmen.

Die auch »heart in a box« genannte Methode ist mehr als eine Organkonservierung. Sie ist Ausdruck der Hoffnung und des Fortschritts und erweitert den Kreis der moralischen Gemeinschaft. Mitgefühl und ethische Verantwortung sollten allen Menschen (und vielen Tieren) gelten, und zwar unabhängig davon, wo sie leben. Hier wird die Vision des Philosophen Peter Singer von einer stärker vernetzten und mitfühlenderen Welt ein Stück konkreter. Die Möglichkeit, Organe auch über große Entfernungen hinweg zu ihren Empfängern zu bringen, stärkt die globale Zusammenarbeit, sie fördert die gegenseitige

Hilfe und zeigt, wie moderne Innovationen uns der Verwirklichung einer grundsätzlich altruistischen Gesellschaft näherbringen können.

Acht Jahre später führte Jen ein Leben im Vollmodus. Jeder Tag war ein »Ja-Tag« – vom Besteigen des höchsten walisischen Gipfels, Yr Wyddfa, mit ihrem Hund Bramley bis hin zur Suche nach einer erfüllenden Tätigkeit, nämlich jungen Schulabbrechern den Lernort Natur zu eröffnen. Und dann verliebte sie sich. Erste Dates sind bekanntermaßen schwierig, aber Jens Tätowierung an ihrem linken Handgelenk, ein Herz in einem Glas, bot sich als Anknüpfungspunkt an. Wenn ihr Gegenüber die quasi unvermeidliche Frage stellte, was es damit auf sich hatte, führte Jens Antwort oft dazu, dass es kein zweites Date gab. Viele Menschen schrecken davor zurück, sich in jemanden mit einer komplexen Krankheitsgeschichte zu verlieben. Aber dann traf sie Tom, der als Softwareentwickler im Gesundheitswesen tätig war, und der fand das Ganze einfach cool.

Etwa zur gleichen Zeit las Jen einen Brief, der ihr viel bedeutete. Während eines Routinetermins im Krankenhaus reichte Jens Herzspezialist ihr einen weißen Umschlag. Darin befand sich ein handschriftlicher Brief von der Familie des Spenders – dem Menschen, dessen Herz heute in ihrer Brust schlägt. Im Gegensatz zu den anderen in diesem Buch vorgestellten Patienten konnte Jen ihrem Lebensretter nicht danken.

Ihr Tattoo, das Herz im Glas, erinnert sie jeden Tag an ihn. Wenn Jen morgens neben Tom – mit dem sie inzwischen verheiratet ist – aufwacht, öffnet sie die Augen und sieht, was unter dem bunten Tintenherz steht: »vitam vive« – lebe dein Leben.

Ganz einfach. Und doch vergessen wir es so leicht. Das Leben bewegt sich immer am Rande des Unbekannten, des Unvollkommenen. Wenn wir lieber abwarten, weil wir auf Nummer sicher gehen wollen, bevor wir nach Wissen, Schönheit oder Abenteuer suchen, dann werden wir wohl ewig warten.

Ich fragte Jen, welchen Rat sie Menschen geben kann, die nur das Leben und nicht den Tod kennen. Sie sah auf und lächelte. Sie erzählte von einer Situation, in der jemand sie angeschrien hatte, weil sie auf einem Behindertenparkplatz geparkt hatte. Ihr war es damals richtig schlecht gegangen, aber sie war jung und wirkte von außen betrachtet gesund.

»Nett und freundlich bleiben. Man weiß nie, was andere Menschen gerade durchmachen. Und sein Leben leben. Im Heute. Das Geschirr benutzen, das man für besondere Anlässe schont. Das schicke Kleid tragen, das in einer Schutzhülle im Schrank wartet. Für den Fall, dass dieser besondere Tag nie kommt.«

Weitere acht Jahre später stand Jen im Londoner Hunterian Museum. Als Kind hatte sie unzählige Tage damit verbracht, Artefakte in Vitrinen zu betrachten, schließlich hatte ihr Vater beruflich Exemplare aus aller Welt gesammelt. Dieses Ausstellungsstück aber war anders. Es kam ihr bekannt vor, doch Jen hatte es noch nie gesehen. Es hatte ihr das Leben ermöglicht und gleichzeitig genommen. Der kleine Glaskasten wurde von oben beleuchtet. Der Raum war dunkel gehalten, und so trat das rosa- und lilafarbene Objekt umso deutlicher hervor. In klarer, flüssiger Zuckerlösung schwebte Jens altes Herz.

Wie lässt es sich besser über dieses Leben nachdenken, als wenn man darauf blickt, was uns das Leben geschenkt hat. Man braucht dazu keine Transplantation. Es reicht, sich seine Eltern oder die Sterne am Himmel anzuschauen. »Selbst wenn ich nicht mehr da bin, wenn ich sterbe, wird mein Herz anderen meine Geschichte erzählen. Vielleicht bringt es sie dazu, einen anderen Blick auf ihr Leben zu werfen.«

NUSSBEBEN

Alex, fünfundzwanzig
Todesursache: Allergischer Schock
Lebensursache: Musik ist das Betriebssystem der Seele

Es war die leckerste Schale Cornflakes, die Alex je gegessen hatte. Doch leider waren es nicht nur Cornflakes. Der wohl allergieanfälligste junge Mann Großbritanniens hatte eine große Portion Frühstücksflocken mit knusprigen Erdnussstückchen gegessen. Und dann starb er.

Als der bewusstlose, um sein Leben kämpfende Alex bei uns eingeliefert wurde, war ich gerade von einem Literaturfestival auf Bali zurückgekehrt. Durch die Arbeit an meinem Buch *One Medicine*, das sich den erstaunlichen Lebensweisen von Tieren widmet, war ich dort über Nacht zum Vegetarier geworden. Als Proteinquelle dienten mir fortan nicht mehr Hühner und Kühe, sondern Haselnüsse und Mandeln. Nüsse wurden meine besten Freunde. Ganz anders als Alex, der seit dem Babyalter allergisch auf Nüsse, Eier und sogar Erbsen reagierte. Als Kind verbrachte er mehrere Monate im Londoner Great Ormond Street Hospital, aus dem er in einen neuen, angepassten Alltag entlassen wurde. In der Schule saß Alex mit einem »nussfreien« Freund an einem speziellen Tisch. Vor Fußballspielen brauchte er Inhalatoren gegen die Asthmaanfälle, die ihn in den bitterkalten britischen Wintern befielen. Bei Geburtstagsfeiern wurde der Kuchen ohne ihn gegessen. Freude macht ihm die Musik: Alex trat in die Fußstapfen seines walisischen Urgroßvaters Mansel Treharne Thomas, einem der einflussreichsten Musiker seiner Generation, und spielte Euphonium, obwohl sein vom Allergieausschlag gerötetes Gesicht dabei noch röter anlief.

Alex' Eltern, die beide bei der Polizei arbeiteten, ließen sich scheiden, als er zehn Jahre alt war. Doch er behielt zu beiden eine enge Beziehung, dank der gemeinsamen Zeit, die man bei Fußballspielen, im Urlaub und bei ausgiebigen, gemütlichen Sonntagsessen mit seiner Schwester im Elternhaus in Wiltshire verbrachte. Als er wieder einmal mit seinem Vater auf Reisen war, dieses Mal in Cardiff, erlitt Alex nach dem Frühstück im Hotel einen Herzstillstand. Die beiden waren in meine Heimatstadt gekommen, um die in London geborene Singer-Songwriterin Freya Ridings in der St David's Hall zu erleben. Ihre Klavierballaden boten die perfekte Stimmung für ein schönes Vater-Sohn-Erlebnis. Alex hatte die Lieder des vorigen Abends noch im Kopf, während er das Frühstücksbuffet des Hotels ablief und alle Lebensmittel ausließ, von denen er wusste, dass sie ihm Probleme bereiten würden. Die Cornflakes, die er sich schließlich aussuchte, waren die leckersten, die Alex je gegessen hatte – wahrscheinlich, weil er zum ersten Mal die Crunchy Nut-Version kostete. Sie schmeckten einfach zu gut, und genau das war das Problem. Als Alex sich gerade eine zweite Portion holen wollte, wurde ihm plötzlich furchtbar übel. Er rannte die drei Etagen hoch in sein Zimmer. Als ihm klar wurde, was passiert war, versuchte er, sich zu übergeben. Er schluckte eine Handvoll seiner Allergietabletten und drückte sich seinen EpiPen durch die Jeans in den linken Oberschenkel. Als sein Vater ins Zimmer kam, war Alex knallrot und bekam kaum Luft. »Es fühlte sich an, als hätte Darth Vader meine Lungen gekapert«, erzählte er mir, als wir uns drei Jahre nach dem Vorfall unterhielten. Als die Notfallsanitäter eintrafen, war Alex auf dem Boden zusammengebrochen und flüsterte seinem Vater zu: »Ich glaube, das war's.«

Er zeigte mir ein unscharfes Foto seines leblosen Körpers auf dem Teppich des Hotelzimmers. Sein Vater hatte es aufgenommen, während die Sanitäter um Alex' Leben kämpften. Nun, drei Jahre, nachdem er geglaubt hatte, es sei vorbei, war Alex kaum wiederzuerkennen – statt fleckiger roter Haut hatte er einen hellen, gesunden Teint, statt des zerrissenen T-Shirts und den Defi-Pads auf der Haut trug er einen weichen blauen Wollpulli. Auch die Umgebung war eine radikal andere. Der mit medizinischen Geräten übersäte Hotelboden und die angestrengt mit seiner Reanimation beschäftigten Sanitäter waren verschwunden, stattdessen unterhielten wir uns in dem ruhigen, aufgeräumten Wohnzimmer im Haus seiner Schwester, in dem ich ein Klavier stehen sah. Zum Glück hat sich inzwischen noch etwas verändert: nämlich die Wahrnehmung der Öffentlichkeit und des Handels für schwere Allergien. Für die 15-jährige Natasha Ednan-Laperouse kam dieser Sinneswandel zu spät, sonst wäre sie vor einem tragischen Tod bewahrt worden: Sie starb 2016 auf einem Flug von Heathrow nach Nizza, nachdem sie am Flughafen ein nicht gekennzeichnetes Sandwich mit Sesamkörnern gegessen hatte.

Die Sanitäter brauchten drei Anläufe, konnten Alex am Ende aber erfolgreich wiederbeleben. Sie pumpten Flüssigkeit, Adrenalin und weitere Medikamente in seinen Körper und schlossen ihn noch im Hotelzimmer an ein tragbares Beatmungsgerät an. Die nächste Herausforderung bestand darin, Alex in mein Krankenhaus zu bringen. Das lag zwar nur wenige Kilometer entfernt, doch saß Alex in diesem engen Hotelzimmer im obersten Stockwerk ohne Aufzug fest, und der einzige Fluchtweg führte über Wendeltreppen und schmale Gänge. Die Feuerwehr brauchte drei Stunden, um ihn über das Fenster zu bergen, während er weiterhin bewusstlos am Beatmungsgerät hing.

Nach dieser qualvollen Reise kam Alex zu uns in die Notaufnahme. Wir hatten da schon eine anstrengende Schicht hinter uns, wie so oft gab es zu viele Patienten und zu wenige Betten. Doch als es hieß, es würde ein junger Mann mit Herzstillstand aufgrund einer schweren Allergie eingeliefert, brachten alle noch einmal von irgendwoher Kraft auf. Schnell war klar, dass die große Schüssel Cornflakes in Alex' Körper weiter für Chaos sorgte. Die Medikamente hielten ihn am Leben, doch angesichts seines kritischen Zustands war es sicher am besten, die Ursache zu beheben. Wir wollten also so viel wie möglich von den verfestigten Nahrungsbrei aus Alex' Magen pumpen. Doch die dicke Masse drang nicht durch unsere Schläuche. Daraufhin führten wir Kameras ein, ähnlich wie sie zur Inspektion von Wasserrohren verwendet werden, und saugten die Reste der Nussflocken gezielt ab. Anschließend gaben wir Aktivkohle in Alex' Magen, um eventuell verbliebene Erdnussproteine zu binden.

Zum Weiten der verengten Luftwege verwendeten wir ein starkes Medikament namens Aminophyllin. Sie trinken morgens wahrscheinlich einen ähnlichen Wirkstoff: Koffein ist ein natürlich vorkommender Phosphodiesterase-Hemmer mit einer ähnlichen Wirkweise wie Aminophyllin. In abgelegenen ländlichen Gebieten ohne medizinische Versorgung kann es durchaus zur Behandlung von Atemnot aufgrund von Allergien oder Asthma eingesetzt werden. Das Kauen von Instantkaffee ist vielleicht nicht angenehm, Personen mit schwerem Asthma aber, die keinen Zugang zu medizinischer Hilfe haben, kann es das Leben retten.

Unsere Maßnahmen funktionierten. In den folgenden Stunden konnten wir die Unterstützung der Geräte schrittweise zurücknehmen, Alex' Gesichtsfarbe wechselte von saturnrot zu lachsrosa, und sein Herz begann wieder zu schlagen. Innerhalb von zwölf Stunden öffnete Alex die Augen. Weitere zwölf Stunden später wurde er von den lebenserhaltenden Geräten genommen. Und noch mal zwölf Stunden danach konnte er entlassen werden. Nur wenige Tage nach seinem Tod stand Alex wieder voll im Leben. Und genau deshalb liebe ich meinen Job.

Was ist das größte Wunder? Oder der größte wissenschaftliche Durchbruch? Ich würde sagen: »Jemanden von den Toten zurückzuholen«. Wundersame Berichte über die Rückkehr von den Toten ziehen sich durch die Menschheitsgeschichte. Dabei passieren jeden Tag, in jeder Stadt, in jedem Krankenhaus und in jedem Krankenwagen solche sogenannten Wunder. Nicht dank übernatürlicher Kräfte, sondern dank der Wissenschaft. Dank unseres unermüdlich fortschreitenden Wissens und dank ganz normaler Menschen, die jemandem auf den Brustkorb drücken.

Wobei das nicht immer das richtige Vorgehen sein muss. Ist der Herzstillstand der Endpunkt eines unumkehrbaren Prozesses, sei es Krebs, eine Infektion oder eine Herzkrankheit, so wären Wiederbelebungsversuche wirkungslos und auch falsch.

Tritt ein Herzstillstand jedoch plötzlich aus unbekannten oder behebbaren Gründen auf, rettet die Herzdruckmassage Leben.

Gerade in der Zeit, als Alex' Herz stehen blieb, war unser Krankenhaus an einer der weltweit größten Studien zur Versorgung von Patienten nach einem Herzstillstand beteiligt. Die Durchführung solcher Studien ist schwierig – nicht zuletzt, weil die Patienten keine Einwilligung geben können, wie sonst bei medizinischen Studien. Nach einem Herzstillstand sind die Menschen oft bewusstlos, viele haben Hirnverletzungen. Wir könnten natürlich ihre Angehörigen fragen, doch haben die womöglich gerade bei ihrem Sohn oder ihrer Tochter, ihrer Mutter oder ihrem Vater eine Herz-Lungen-Wiederbelebung durchgeführt. Ein Mensch, den sie lieben, schwebt in Lebensgefahr. In ihrer Sorge können die Angehörigen oft kaum schlafen, essen und trinken, geschweige denn die Risiken und Vorteile einer klinischen Studie bewerten.

Von mancher Seite heißt es, es sei unethisch, in solchen Situationen Forschung zu betreiben. Wir sollten einfach bei den üblichen Verfahren bleiben. Doch sind es gerade kritisch Kranke und insbesondere Patienten, die einem Herzstillstand erleiden, die besonders anfällig für medizinische Schäden sind. Gerade sie benötigen verbesserte Therapien und eine erstklassige medizinische Forschung. Von 100 Personen, die außerhalb eines Krankenhauses einen Herzstillstand erleiden, erreichen nur zehn lebend das Krankenhaus. Von diesen zehn sterben fünf. Drei überleben, jedoch mit schweren Hirnschäden, womit ihr Leben nie mehr so sein wird wie zuvor.

Von 100 Menschen kehren nur zwei so wie Alex ins Leben zurück. Das reicht einfach nicht. Dank großer internationaler Studien, wie sie unter anderem von meinen Kollegen koordiniert werden, kommen wir dem Ziel näher, mehr Herzstillstandpatienten ein uneingeschränktes zweites Leben zu ermöglichen. Wir wünschen uns mehr Menschen wie Alex.

Es gibt jedoch noch andere Möglichkeiten, Leben zu retten. Viele Leben. Es ist fünf Jahre her, dass ich mit heruntergezogener Hose auf einem harten Tisch lag, während zwei Fremde meine Hoden in den Händen hatten und sich dabei über dies und das unterhielten. Als Vater von 2,5 Kindern (zwei Töchtern und einem Hund) beschenkte ich mich zum Vierzigsten mit einer Vasektomie. Der Eingriff war schon seit Monaten geplant. Als sich herausgestellt hatte, dass sämtliche Sterilisationen im Umkreis von einem ehemaligen Kommilitonen durchführt werden, fand ich das zunächst peinlich. Wir hatten zusammen getrunken, gesungen und Anatomie gepaukt. Ich hoffte, er würde sich vor allem an die Anatomie, nicht aber ans Singen erinnern. Glücklicherweise sorgten das durchdachte Setting, die nüchterne Vorbereitung und die freundlichen Beteiligten dafür, dass es keine unangenehme Erfahrung wurde. Die Arzthelferin, die meinem Studienkollegen assistierte, führte eine lockere Unterhaltung mit ihm, während er mir ins Skrotum schnitt. Dank des mir verabreichten Beruhigungsmittels spazierte ich anschließend trotz meines ungewöhnlichen Gangs recht entspannt durch den malerischen Vorort und hielt Ausschau nach meiner Abholung. Dabei mutete die Szene an wie aus einem Zombiefilm, da außer mir noch etwa zehn Männer ähnlichen Alters leicht desorientiert und in Jogginghosen aus der Klinik staksten.

Der schwierige Part kam erst sechzehn Wochen später, als ich eine Probe abgeben musste. Ich verstehe zwar, warum eine Samenprobe nur eine Stunde alt sein darf, doch stellte mich das vor eine recht komplizierte Aufgabe. Vor allem, weil ich mehr als eine Stunde vom Krankenhaus entfernt wohne. Ich hatte die Wahl, entweder zu schnell zu fahren oder in einer kompromittierenden Situation in meinem Büro erwischt zu werden. Nachdem ich diese erste Herausforderung gemeistert hatte (ich überlasse es Ihrer Fantasie, für welche Lösung ich mich entschied), begab ich mich also mit meiner Lieferung in der Hand zum Labor. Mir blieben noch fünf Minuten, und außerdem empfand ich es als ziemlich ungerecht, dass die riesige Probenverpackung auch noch aus supertransparentem Material war. Wäre es eine Bierflasche gewesen, hätte ich sie wenigstens in eine braune Papiertüte stecken können. Es war eigentlich nur ein kurzer Weg über den Flur, doch er wurde zum Albtraum, da ich einem Kollegen nach dem anderen begegnete. Das Zeitfenster zur Abgabe war fast abgelaufen, also wimmelte ich sie mit der Notlüge ab, ich müsste eine wichtige Probe für einen Patienten abliefern.

»Ach, ich muss auch zum Labor, ich kann sie mitnehmen«, bot mir ein hilfsbereiter Kollege an und streckte schon die Hand aus. Vielleicht entdeckte er dann doch noch die riesige, überdimensionale rote Aufschrift »SAMENPROBE«, jedenfalls akzeptierte er meine lahme Ausrede und machte sein Angebot nicht wahr. Zwei Minuten vor Fristablauf erreichte ich mein Ziel und traf auf eine Schlange von schuldbewusst dreinblickenden Männern, die alle identische Probenbehälter bei sich hatten. Die Wartenden drückten der Reihe nach auf die Wandsprechanlage, daraufhin dröhnte eine Stimme: »PROBENABGABE?«

Auf dem unübersehbaren Schild über der Klingel stand »Fertility Center«, womit eventuell verbliebene Unklarheiten bei meinen nun ununterbrochen vorbeischleichenden Kollegen ausgeräumt waren. Endlich war ich an der Reihe. Sekunden vor Ablauf der Zeit drückte ich der nächstbesten Person meine Lieferung in die Hand – in diesem Fall dem Krankenhauspfarrer, der eben durch die Tür gehen wollte.

Diese Erfahrung hat mich einiges gelehrt. Erstens: Man sollte immer zweimal hinschauen, bevor man seine Samen übergibt. Zweitens: Wir müssen den Systemen genauso viel Aufmerksamkeit schenken wie den Menschen, die in ihnen arbeiten. Beschwerden richten sich oft gegen Personen, doch die Ursachen liegen häufig in umständlichen Abläufen oder starren Systemen, nicht in den Beteiligten. Ich weiß jetzt zu schätzen, was kleine Veränderungen bewirken können. Eine undurchsichtige Probentüte, ein Briefkasten, eine leisere Gegensprechanlage würden das Medizinische nicht beeinträchtigen, könnten aber mein nächstes Zusammentreffen mit dem Krankenhauspfarrer um einiges angenehmer gestalten.

Am Abend, während ich mich noch von meiner Vasektomie erholte, erhielt ich aus heiterem Himmel eine E-Mail mit der Bitte, Botschafter für die Trauerhilfe-Organisation 2Wish zu werden. Es war eine Einladung zur Teilnahme an ihrem »Little Ball of Hope«. Ich musste nicht lange überlegen und sagte sofort zu.

2Wish unterstützt Freunde und Familienangehörige von verstorbenen Kindern und Jugendlichen. Die Organisation stellt Räume für Gespräche zur Verfügung; sie bietet unter anderem »Memory Boxes« an, in denen etwa ein Handabdruck oder eine Haarlocke aufbewahrt werden können; vor allem aber unterstützt und berät sie die Trauernden in den Tagen, Wochen, Monaten und Jahren nach dem Tod eines geliebten Menschen.

Ich dachte immer, ich wüsste, wie man Leben rettet. Ich arbeite seit über zwanzig Jahren als Arzt, davon seit fast zehn Jahren als Intensivmediziner. Und ich habe mich nicht etwa wegen der tollen Maschinen oder der teuren Medikamente und bestimmt nicht wegen der langen Nachtschichten für dieses Fachgebiet entschieden. Sondern wegen eines Patienten. Er hieß Chris.

Chris war gerade siebzehn, er ging noch zur Schule und hatte sein ganzes Leben noch vor sich. Chris liebte Reisen und Musik. Er liebte das Leben. Als Chris über ein Schulprojekt nach Kenia fliegen wollte, hatten seine Eltern ein ungutes Gefühl und banden einen roten Wollfaden an den Dachträger ihres Autos, bevor sie Chris zum Flughafen brachten. Sein Vater sagte ihm, dass sie den Faden erst abnehmen würden, wenn Chris wohlbehalten nach Hause zurückgekehrt wäre.

Das sollte er nicht. Denn kurz nach der Besteigung des Mount Kenya bekam Chris Fieber. Daraus entwickelte sich ein Atemwegsinfekt, wegen dem Chris in das örtliche Krankenhaus gebracht werden musste. Dort erkrankte er an einer schweren Sepsis und wurde sechs Wochen später, angeschlossen an eine Beatmungsmaschine, nach Cardiff geflogen. Und so lernte ich Chris und seine Familie kennen.

Am Tag nach seinem achtzehnten Geburtstag – die Feier hatte auf der Intensivstation stattgefunden und er hatte sich abgemüht, die Kerzen auf seinem Kuchen auszublasen – mussten wir Chris' Eltern mitteilen, dass er gestorben war. Wir alle waren am Boden zerstört. Es gab nichts, was wir tun konnten. Ich erinnere mich in allen Einzelheiten an diesen Tag. Als ich Chris' Eltern ein Jahrzehnt später besuchte, ging es ihnen genauso. Sie erinnern sich an den abweisenden Warteraum für Angehörige, an die abgeblätterte Farbe an den Wänden. Sie erinnern sich an die Blutflecken auf den Schuhen des Personals. Sie erinnern sich, wie sie vor Verlassen des Krankenhauses eine Tüte mit den Kleidungsstücken ihres Sohnes und den halb abgebrannten Geburtstagskerzen gereicht bekamen. Der rote Wollfaden hängt noch heute an ihrem Autodach.

Ich habe mich wegen Chris für die Intensivmedizin entschieden. Ich wollte in der Lage sein, die Fragen seiner Eltern zu beantworten. Fragen, die viele Menschen stellen, wenn jemand stirbt.

»Warum ist er gestorben, wo doch andere überleben?«

»Hätte man nicht noch etwas tun können?«

Ich habe Jahrzehnte damit verbracht, diese beiden Fragen zu beantworten. Ich habe erneut versucht, das Leben ihres Sohnes zu retten. Ich habe über Sepsis geforscht und Bücher geschrieben, um der Öffentlichkeit die Zusammenhänge zu erklären. Und dabei die dritte Frage von Chris' Eltern vergessen. Oder auch nicht vergessen, vielleicht wollte ich einfach nicht darüber nachdenken, weil ich keine Antwort wusste. Die dritte Frage seiner Eltern lautete ganz einfach:

»Was sollen wir jetzt machen?«

Ich hatte absolut keine Ahnung. Ich hatte mich so darauf fokussiert, Chris' Leben zu retten, dass ich die anderen, zurückbleibenden Leben vergaß. Beim Lesen der Einladung zum »Ball der Hoffnung« wurde mir all das klar.

Wie kann man Leben retten?

Ein Leben rettet man nicht dadurch, dass man aufwendige Apparate oder teure Medikamente einsetzt oder eine Nachtschicht nach der anderen schiebt. Leben rettet man, indem man für die Hinterbliebenen da ist, für die, die einen geliebten Menschen verloren haben. Indem man die Namen der Verstorbenen nennt. Wie die Mutter der Freundin meiner Tochter, Charlotte. Sie als meine Leser helfen allein schon durch den Kauf dieses Buchs, denn ich habe mich verpflichtet, 10 Prozent der Erlöse direkt an

2Wish zu spenden. Wenn es nicht gelingt, einem jungen Menschen das Leben zu retten, so kann es dennoch gelingen, dass die Hinterbliebenen ihr Leben weiterführen. Dabei hilft praktische Unterstützung und als Erstes schon mal ein Raum, in dem die Farbe nicht von den Wänden abblättert. Oder eine Schachtel mit Erinnerungen, die man statt einer Tüte mit geschmolzenen Kerzen und Kleidung mit nach Hause nehmen kann. Darüber hinaus braucht es psychologische Unterstützung, unmittelbar nach dem tragischen Ereignis und auch noch Jahre später. Und so kann ich, wenn ich Familien die schlimmste Nachricht überbringen muss – was auf der Intensivstation täglich vorkommt – zumindest eine der Fragen von Chris' Eltern beantworten: »Was sollen wir jetzt machen?« – »Sie können sich an Hilfestellen wie 2Wish wenden.«

Und dafür danke ich Ihnen. Ich danke Ihnen nicht nur im Namen der Hinterbliebenen, zu denen eines Tages auch Sie oder ich gehören könnten, sondern ich danke Ihnen auch im Namen des Klinikpersonals. Bestimmte Fälle tragen wir für immer mit uns. Patienten und Familien, die wir nicht vergessen können. Ihre Schatten huschen während langer Nachtschichten um die Ecke, oder sie tauchen bei Veranstaltungen wie dem »Little Ball of Hope« auf. Inmitten der glitzernden Ballkleider und gepflegten Frisuren sah ich Chris auf dem leeren Stuhl neben meiner Frau, von dem ich aufgestanden war, um auf der Bühne zu sprechen. Und da waren noch mehr, über den Raum verteilt, mich stumm anblickend. Es kann belastend sein, diese Menschen mit sich zu tragen. Das Wissen aber, dass es jemanden gibt, der diese Last mit einem teilt und den Angehörigen die nötige Unterstützung gibt, ließ mich keine traurige, sondern eine fröhliche Rede halten. Denn es gab viele weitere Menschen in diesem Saal, denen Wohltätigkeitsorganisationen wie 2Wish geholfen hatten.

Ich sah Hinterbliebene, deren Leben gerettet worden war. Nicht durch Maschinen, Medikamente oder Ärzte wie mich, sondern durch mitfühlende Mitmenschen.

Am Ende meiner Rede zitierte ich ein walisisches Sprichwort über die 4000 Wochen auf der Erde, die wir Leben nennen. Ich hatte einen alten Freund aus meiner Kindheit um Rat gefragt. Huw ist in einem großen und turbulenten Haushalt aufgewachsen, mit viel Musik, Menschen, Familie und natürlich seiner Großmutter oder »Mamgu«, wie sie auf Walisisch heißt. Huw ist ein talentierter walisischer Musiker, Dichter und Sprachwissenschaftler. Er schlug zunächst »yf dy gawl cyn oero« vor, was so viel bedeutet wie »Iss deine Suppe, bevor sie kalt wird«. Genau der passende Gedanke, aber da ich während der Vorspeise sprechen sollte, würde ich dafür sorgen, dass die Suppe tatsächlich kalt würde. Also entschieden wir uns für einen Ausspruch von St. David oder Dewi Sant, dem Schutzpatron von Wales, nach dem die Konzerthalle benannt ist, die Alex besucht hatte. Auf seinem Sterbebett hatte Dewi Sant geflüstert:

»Gwnewch y pethau bychain mewn bywyd.«

»Tut die kleinen Dinge im Leben.«

Damit meinte er die kleinen großen Dinge, die wirklich wichtig sind. Niemand kannte sich besser mit diesen Dingen aus als Huws Mamgu, die im Alter von neunundneunzig Jahren verstarb. Huw zählte mir ihre »Lektionen für ein glückliches Leben« auf, die da lauteten:

- Koche für andere
- Bewahre ein paar Dinge für besondere Anlässe auf
- Denke an die Geburtstage deiner Freunde
- Schreibe Briefe und Karten an Fremde
- Besuche die, die dich nicht mehr besuchen können

- Schau dir jedes Jahr alte Karten, Briefe und Fotos an
- Lasse immer einen Stuhl draußen stehen, auf dem du die Abendsonne genießen kannst
- Iss deine Suppe, bevor sie kalt wird

Kehren wir zu Alex zurück. Sein Körper funktionierte wieder, seine Psyche aber machte nicht mit.

»Es war eine Qual« erzählte er mir. »Ich hätte glücklich sein sollen, aber ich war es nicht. Ich habe mich immer nur gefragt: Warum? Warum ich? Warum habe ich überlebt? Warum lebe ich?«

Dass wir mit erstaunlichen, seltenen oder glücklichen Ereignissen zu ringen haben, betrifft extreme, schwer vorstellbare Ausnahmesituationen des Lebens. Eine ähnliche Erfahrung wurde schon von Menschen beschrieben, die wie Alex ein lebenserhaltendes System benötigen, jedoch nicht aufgrund eines medizinischen Notfalls. Sie werden nicht etwa beim Transport ins Krankenhaus mit Sauerstoff versorgt, sondern bei der Reise in den Weltraum. Warum aber sollte der Aufenthalt im All dazu führen, dass man das Leben infrage stellt? Was können uns die Erfahrungen von Astronauten über Leben und Tod sagen? Wie können sie Alex helfen, seine Gefühle zu erklären?

Als Juri Gagarin als erster Mensch unsere Atmosphäre verließ, war es nicht die atemberaubende Reise hinaus ins All, sondern die Rückkehr zu unserem kleinen blauen Heimatplaneten, die sein Leben veränderte. Psychologen hatten befürchtet, Gagarin könnte im Orbit an »Weltraumwahnsinn« erkranken, ahnten aber noch nichts von dem sogenannten »Overview Effect«, der erst 25 Jahre später beschrieben werden sollte.

Der Anblick der Erde aus den Weiten des Alls veränderte Gagarins Weltanschauung. Er beschrieb dies lange bevor der Begriff geprägt wurde, indem er sagte: »Als ich die Erde in meinem Raumschiff umkreiste, sah ich, wie schön unser Planet ist. Erhalten und vermehren wir diese Schönheit anstatt sie zu zerstören.«

Der Overview-Effekt ist ein Bewusstseinswandel, der während eines Raumflugs und vor allem aber beim Betrachten der Erde eintritt. Er beinhaltet ein Gefühl der Ehrfurcht, ein tiefes Verständnis für die Verbundenheit allen Lebens und ein verstärktes Verantwortungsbewusstsein für den Schutz unseres ebenso großartig wie zerbrechlich wirkenden Planeten. Die dramatische Perspektiverweiterung führt oft zu einer veränderten Lebenseinstellung.

Es gibt einen noch berühmteren Astronauten als Gagarin, der uns die Zusammenhänge zwischen dem Overview-Effekt und den Erfahrungen von Herzstillstand-Überlebenden wie Alex erklären kann. Diese Parallelen wecken die Zuversicht, dass wir schwierige Zeiten in unserem eigenen Leben überstehen können.

Wobei ich, wenn ich von einem »berühmteren Astronauten« spreche, die Wahrheit ein wenig verdrehe. William Shatner mag mit seinem fiktiven Raumschiff *Enterprise* viele hundert Mal öfter ins All gereist sein als Gagarin, doch erst 2021, im Alter von 90 Jahren, unternahm »Captain Kirk« an Bord der Raumkapsel *New Shepard* des Amazon-Gründers Jeff Bezos seinen ersten tatsächlichen Flug in die »unendlichen Weiten«. Danach sagte er: »Ich habe geweint, und ich wusste nicht, warum. Ich musste mich erst mal in Ruhe hinsetzen und nachdenken, bis mir klar wurde, dass mich eine tiefe Trauer befallen hatte.«

Menschen wie Alex, die eine Nahtoderfahrung oder einen Herzstillstand erlebt haben, machen oft eine vergleichbare tiefgreifende Veränderung durch. Sie sind von einer Art Trauer befallen. Sie spüren den Verlust ihres früheren Ichs, ihr Blick auf die Welt ist verrutscht. Sie sind dankbar, am Leben zu sein, aber unsicher, worum es in diesem Leben jetzt gehen soll oder jemals gegangen ist. Nach seinem anaphylaktischen Schock beinhaltete Alex' Rückkehr vom Abgrund nicht nur die körperliche Genesung, sondern auch eine intensive psychologische Reise. Überlebende berichten oft von Orientierungslosigkeit, Depressionen und einer tiefen Sinnsuche – Gefühle, wie sie Astronauten und Weltraumreisende wie Shatner nach ihrer Rückkehr zur Erde erlebt haben. Diese emotionale Unruhe ist nicht der von Psychologen befürchtete Weltraumwahnsinn, sondern eher eine Sinn- und Identitätskrise. Und diese dreht sich um die naheliegendste und gesündeste Frage überhaupt: Worum geht es eigentlich in diesem Leben?

Menschen, die das Unüberlebbare überleben und in einen zweiten Lebensabschnitt eintreten, sind manchmal nicht erlöst und froh, sondern deprimiert und traurig. Weil sie erkennen, wie kostbar das Leben ist. Weil sie ihr früheres Leben plötzlich als sinnlos empfinden oder weil sie sehen, wie grausam Menschen sein können, trotz aller Ehrfurcht vor dem Wunder Erde und trotz der Schönheit, die uns alle umgibt.

Sie stehen vor Fragen nach dem Sinn des Lebens, der Fragilität der Existenz und ihren Prioritäten im Leben. Für Alex beinhaltete sein Überleben auch die Aufforderung, neu zu überdenken, was wirklich wichtig ist. So wie Weltraumreisende womöglich mit einem neuen Engagement für den Schutz unseres Planeten oder den globalen Zusammenhalt zurückkehren, so dachte auch Alex intensiv darüber nach, wie er sein wiedergewonnenes Leben nutzen wollte. Er folgte damit einer langen Tradition der menschlichen Sinnsuche.

Wie aber lässt sich gegen den sich aufdrängenden Nihilismus angehen, den wir aus dem Weltraum, aus dem Überleben des

Todes oder einfach aus dem Alltag mitnehmen? Können wir erst wieder Sinn empfinden, wenn wir etwas Großes, Weltbewegendes anstreben und die große Geste suchen?

Für Alex kehrte der Sinn am Ende aus seinem Innern zurück. Musik war schon immer in ihm verwurzelt gewesen, aber nach der Auflösung seiner Brassband mochte er sein Euphonium nicht mehr in die Hand nehmen. Wie in einem gut komponierten Roman griff Alex die Musik auf, die ihn kurz vor seinem Tod umgeben hatte. Das Album von Freya Ridings, das er an jenem Winterabend mit seinem Vater in Cardiff gehört hatte, bestand ausschließlich aus Klaviersongs. Und dann, als er wieder zu arbeiten begann und ihn die Frage nach dem Warum umtrieb, fiel ihm das alte Familienklavier ein.

Vom Herumklimpern auf den Tasten über das Nachspielen seiner Lieblingstitel kam er dazu, eigene Lieder zu schreiben. Es machte ihm großen Spaß – auch, weil er es nicht wirklich beherrschte. Anders als beim Euphonium, dem er perfekte Klänge entlockt hatte, traf er hier öfter mal einen falschen Ton. Aber die Herausforderung, die Erkundung von etwas Neuem, erwies sich als äußerst heilsam. Zudem trainierte Alex damit sein Gedächtnis, das seit seinem Herzstillstand verschwommen reagierte. Musik ist das Betriebssystem der Seele.

Manchmal fühlt sich das Leben wie ein einziger langer Wettkampf an. Wahrscheinlich haben Sie die ersten Durchläufe bereits geschafft. Sie wurden geboren und haben Ihre Kindheit überlebt. Womöglich haben sie in der Schule zu den Besten gehört oder in Prüfungen besser abgeschnitten als Ihre Freunde. Vielleicht waren Sie ein toller Sportler, ein Musiktalent oder haben bei Schulaufführungen brilliert. Selbst wenn es schwierig war, einen Arbeitsplatz oder einen Studienplatz zu finden, haben Sie auch diese Hürde überwunden. Sie haben durchgehalten. Sie haben nicht lockergelassen. Sie haben gekämpft. Der in jungen Jahren begonnene Wettbewerb wird wie naturgegeben weitergeführt.

Selbst wenn wir es »geschafft« haben, wenn wir den ersehnten Job und den angestrebten Platz im Leben gefunden haben, suchen wir neue Herausforderungen. Ich habe mich in Forschung und Lehre betätigt, andere steigen in die Führungsetage auf. Wir streben nach Titeln, wir wollen in Ausschüssen sitzen und auf Konferenzbühnen auftreten, um Sinn zu finden. Manche Ärzte konkurrieren um die Heilung von Krankheiten, obgleich sie damit oft einem Phantom hinterherjagen. Dabei ist der Wettbewerbsgedanke natürlich nicht nur schlecht. Wir brauchen motivierte, engagierte Menschen, die ihr Bestes geben, und Mediziner, die das Beste für die Patienten wollen. Doch können wir eben nicht alle im Topteam spielen und es bleibt vielleicht ein Rest von Unzufriedenheit, wenn wir auf der Bank sitzen oder in der dritten Mannschaft landen.

Warum stecken wir unseren Eifer also nicht lieber in etwas anderes, in etwas Nutzloses oder etwas, das wir gar nicht können? In gewisser Weise tun einige von uns genau das. Wir wollen die Zeit auf unserer Joggingrunde verbessern oder gar vorm Vierzigsten noch einen Marathon laufen. Wir denken an unsere alten persönlichen Bestleistungen zurück und hasten ihnen mit unseren alten Knochen nach. Oder aber wir versuchen, unser Können beim wöchentlichen Pub-Quiz oder sonntags beim Kreuzworträtsel unter Beweis zu stellen. Dabei bin ich bisher davon ausgegangen, dass diese Aktivitäten Dinge sein sollten, in denen wir bereits gut sind oder zumindest gut werden können.

In einem *Guardian*-Artikel mit dem Titel »Die Freude an der Mittelmäßigkeit« ermutigt uns Kerri Duncan jedoch, Freude an Dingen zu finden, in denen wir schlecht sind. Sie schreibt: »Wenn ich mich zu sehr darauf konzentriere, mich bei etwas zu verbessern, schafft das Raum für Misserfolge. Ich möchte in meiner Freizeit nicht scheitern.« Welch wohltuender Kontrast zur notwendigen Perfektion im Gesundheitswesen. Nur ein einziger »schlechter« Moment, nur ein einziger Fehler, der in anderen Berufen normal und verständlich wäre, führt zu einer formellen Beschwerde oder, schlimmer, der Gefährdung eines Patienten. Es kann also eine willkommene Abwechslung sein, in anderen Bereichen unseres Lebens Inkompetenz zuzulassen oder sogar anzustreben.

Es ist in Ordnung, einem Chor beizutreten, obwohl man nicht gut singen kann, und man darf natürlich malen, auch wenn man nicht malen kann, und man kann laufen gehen, selbst wenn man nicht durchhält. Es kann natürlich auch sein, dass man seinen Wettbewerbseifer nie ablegen wird, aber auch das ist in Ordnung. Vielleicht wird unser Gesang irgendwann besser, vielleicht malen wir bald tolle Bilder, vielleicht werden wir auf unserer kleinen Laufrunde tatsächlich schneller. Wenn wir uns außerhalb unseres Tagesjobs noch anderen Dingen mit Elan widmen, kann das erreichte Mittelmaß unser Leben und unseren Arbeitsalltag verbessern und bedeutet eben kein Scheitern.

Für Alex war Kunst das Leben und Musik die Therapie. Die Geschichten in diesem Buch mögen eine YOLO-Einstellung zum Leben fördern, aber »Man lebt nur einmal« bedeutet eben nicht, dass man seine Ersparnisse verschleudert, schlechte Entscheidungen trifft, die man am nächsten Morgen bereut, oder etwas Großartiges und Bedeutsames vollbringen muss. Es bedeutet, Sinn in den kleinen Dingen zu finden. Die kleinen, wichtigen Dinge, die Dewi Sant meinte. Es bedeutet, offen für neue Erfahrungen zu sein, ob wir nun im kalten Meer schwimmen, ein Bild malen oder Kazoo spielen. Einfach machen, das ist das Motto.

8

DREI MILLIARDEN SCHLÄGE

Kai, achtunddreißig
Todesursache: Zu viel Leben
Lebensursache: Loslassen statt Durchbeißen

Als Kais Brust das letzte Mal so schmerzte, hatte er stundenlang reanimiert. Jetzt war er es, der wiederbelebt wurde. Kai ist Mitte vierzig und Intensivmediziner, genau wie ich. Aber im Gegensatz zu mir ist er kurzzeitig gestorben, als er mit seiner Familie und guten Freunden ein Wochenende auf dem Land verbrachte. Kai überlebte, weil seine Frau im Beisein der kleinen Kinder eine Herzdruckmassage bei ihm durchführte. Wenn Sie dieses Kapitel durchgelesen haben, werden hoffentlich auch Sie in der Lage sein, Leben zu retten.

Kai ist in den 1980ern nahe Cambridge aufgewachsen, und es ist eigentlich nicht verwunderlich, dass er einen medizinischen Beruf ergriffen hat. Seine Mutter arbeitete als Krankenschwester, sein Vater war ein bekannter Pferdetierarzt und seine älteste Schwester studierte Medizin. Die sechsköpfige Familie – Kai hat insgesamt drei ältere Schwestern – wohnte in dem kleinen

Ort Newmarket, in dem auch sein Vater praktizierte. Kai war ein aufgeweckter Junge, er mochte Leichtathletik und Rugby, musste sich in der Schule aber ordentlich reinhängen, um die für ein Medizinstudium erforderlichen Noten zu erreichen. An der Universität blühte er auf, er begeisterte sich für sein Fach und fand gute Freunde. Freunde, mit denen er sich Jahrzehnte später in der »Old Flour Mill«, einem Cottage im Peak District-Nationalpark, treffen würde. Dort sollte sein Leben eine neue Wendung nehmen.

Kai war gerade im zweiten Jahr seiner klinischen Ausbildung und rotierte durch die verschiedenen Fachbereiche, als ihn ein prägendes Ereignis dazu brachte, sich für die Intensivmedizin zu entscheiden. Es war sein erster Einsatz auf der Intensivstation, der erste von vielen Nachtdiensten. Schon kurz nach der Übergabe gab es einen Herzstillstand-Alarm, in den kommenden zwölf Stunden folgte ein kritischer Notfall nach dem anderen. Es war eine extreme Nacht mit ungewöhnlich vielen Reanimationen. Irgendwann aber war das Dienstende in Sicht. Einer meiner Kollegen sagt ja gerne in Anlehnung an den Song »Far Away« von den Levellers: »Auch ein Nachtdienst, der ewig dauert, geht irgendwann zu Ende.«

Das stimmt natürlich, aber die letzten zwanzig Minuten, in denen man ausgelaugt auf die frisch gestärkte Tagesschicht wartet, wollen manchmal einfach nicht vergehen. Und es war genau zwanzig Minuten vor Kais Dienstende, als erneut der Alarm losging.

Es war ein Notfall, vor dem sich selbst erfahrene Ärzte fürchten. Nach zwanzig Jahren im Krankenhaus braucht es viel, um meinen Puls zum Rasen zu bringen, aber wenn es »Herzstillstand auf der Entbindungsstation!« heißt, schießt er immer noch in die Höhe. Kai war klar, dass nicht nur ein, sondern zwei Leben in seinen Händen liegen würden. Es war ein schwieriger, emotionaler und traumatischer Wiederbelebungsversuch. Die Geburtshelfer mussten einen Notkaiserschnitt durchführen, während Kai die Mutter reanimierte. Das Baby zu holen und damit zu retten war in dieser Ausnahmesituation zugleich der beste Weg, die Mutter zu retten. Nach nur wenigen Minuten, die sich wie Stunden anfühlten, übertönte das wohltuende Schreien eines Neugeborenen das Piepen der Geräte und das laute Mitzählen bei der Druckmassage, von der Kai nicht abließ. Das Baby überlebte. Die Mutter starb. Auch in der nächsten und übernächsten Nacht musste Kai wie gewohnt seinen Dienst antreten.

Er erinnert sich noch gut daran, wie er sich damals fühlte. Es war eine traumatische und auch körperlich zermürbende Erfahrung. Sein Rücken, seine Brust und seine Arme schmerzten, als hätte er um sein eigenes Leben gekämpft. »Die Schichten auf der Intensiv waren extrem anstrengend und faszinierend«, erzählte er mir. »Am Ende wusste ich, dass ich auf jeden Fall dort bleiben wollte.«

Wie bei mir, als ich den achtzehnjährigen Chris behandelte, der an einer Sepsis starb, fiel Kais Entscheidung kurz nach einem tragischen Verlust. Irgendwie wirkt das Ende, der Tod, wie ein Ansporn, noch mehr zu tun, noch besser zu werden. Manchmal ist die direkte Konfrontation der einfachste Weg, mit Schwierigkeiten umzugehen.

Das zuzugeben ist schwer. Ich habe schon hunderte Male eine Herz-Lungen-Wiederbelebung durchgeführt. Beim Zusammendrücken des Brustkorbs denke ich nicht an die Person unter mir, ihr Leben oder ihren Tod. Ich denke nicht an die Angehörigen und was ich zu ihnen sage, wenn der Patient stirbt oder wenn er überlebt. Ich denke nicht einmal an mich selbst. Oder an meine

Familie. Oder an meinen Hund. Ich denke an alle und an alles. Diese ganze Sache. Dieses Leben.

Ich bin seit zwanzig Jahren Arzt. Ich bin seit zwanzig Jahren ständig ausgelastet. Ich hatte wenig Zeit zum Innehalten und Nachdenken. Ich bin erwachsen geworden, ich habe Kinder bekommen und Kinder losgelassen, ich habe geliebt und wurde geliebt, ich habe geweint, gelacht und bin noch nicht gestorben. Ich bin jetzt in dem Alter, das ich früher für alt hielt, fühle mich aber jung. Alt wird immer jünger, je älter ich selbst werde. Während ich einem Menschen den Brustkorb niederdrücke, kommen mir eben diese Gedanken. Vielleicht sind diese zweiminütigen Zyklen der Herzdruckmassage die einzigen Momente, in denen ich wirklich nachdenken und präsent sein kann.

Und am Ende dieser Überlegungen sind weitere zwei Minuten meines Lebens, unseres Lebens, vergangen. Den nächsten Zyklus der Herz-Lungen-Wiederbelebung übernimmt einer meiner Kollegen – die sich vielleicht dasselbe fragen wie ich.

Vielleicht kommen sie wie ich zu dem Schluss, dass es beim Sinn des Lebens weniger darum geht, Antworten zu finden, als vielmehr darum, Fragen zu stellen. Anstatt: »Was ist der Sinn des Lebens?« fragt man sich vielleicht besser: »Wie kann man dem Leben einen Sinn geben?« Denn Sinn bedeutet nicht, ständig beschäftigt zu sein oder alles zu erreichen. Es geht nicht darum, seinen Posteingang zu leeren oder sein Konto zu füllen. Sinn liegt nicht nur in großen Momenten wie denen, in denen ich eine Herz-Lungen-Wiederbelebung durchführe, er versteckt sich auch in einfachen, alltäglichen Tätigkeiten. Im unauffälligen Vergehen der kurzen Zeit, in der wir die Frage nach dem Warum stellen können.

Das Leben wird nie einfacher werden. Aber man kann lernen, besser damit umzugehen. Bei der Arbeit auf der Intensivstation befindet man sich in einem Zustand der permanenten Krise. Das Extreme wird zur Routine, das Unerwartete zum Alltag. Dem Chaos wird ein Tagesablauf aufgezwungen, um es besser zu bewältigen. Und doch kann sich von einer Sekunde auf die andere alles ändern. Ein stabiler Patient kann auf einmal sterben, und jemand, der schwer krank ist und dem Ende entgegengeht, kann Sekunden später durch eine Spritze oder einen Schnitt gerettet werden. Ich kann mich nie entspannt hinsetzen, mich nie zurücklehnen, ohne ein Auge auf den nächsten Moment zu haben. Was für mich ein routinemäßiger Arbeitstag ist, ist für einen anderen Menschen der bedeutendste Tag im Leben. Es gibt nur wenige Berufe, bei denen das so ist. Natürlich, vielleicht steht der Pfarrer bei einer Trauung unter ähnlichem Druck, aber wenn er es verhaut, hat es zumindest keine tödlichen Folgen.

Dieses Arbeitsumfeld verlangt nicht nur Fachwissen, sondern auch eine hohe Belastbarkeit und große Anpassungsfähigkeit, da wir uns durch eine nicht ablassende Flut von lebensbedrohlichen Situationen bewegen. Die ständige Krisenlage erfordert Strategien, mit denen sich der anhaltende Stress bewältigen lässt und eine effektive Patientenversorgung gewährleistet ist. Diese Taktiken sind aber nicht nur in der abgeschlossenen Welt der Intensivstation nützlich, wie ich finde. Sie können einem auch im Alltag helfen.

Ich orientiere mich gerne an Checklisten. Diese sind nicht nur administrative Instrumente, sondern wichtige Hilfsmittel, mit denen wir sicherstellen, dass inmitten des Chaos nichts übersehen wird. Checklisten führen durch Verfahren, sie sichern kritische Schritte ab und sorgen für eine konsistente Patientenversorgung. Sie wirken menschlichem Versagen entgegen und dienen als kognitives Sicherheitsnetz, damit sich das Personal der individuellen Versorgung der Patienten widmen kann, anstatt sich auf die Mechanismen alltäglicher Aufgaben zu konzentrieren. Der systematische Ansatz stellt sicher, dass es selbst unter enormem Druck zu keiner Beeinträchtigung der Versorgungsstandards kommt. Ich verwende Checklisten, um Trachealkanülen in Luftröhren einzuführen, aber ich nutze sie auch gerne vor Urlaubsreisen. Der Aufbruch in letzter Minute wird weniger stressig, und wir vergessen nur selten das Ausschalten der Heizung oder das Mitnehmen eines Reiseadapters. Checklisten sind für das Leben da, nicht nur für Luftröhrenschnitte.

Die proaktive Planung und das Voraussehen von Katastrophen sind weitere Grundvoraussetzungen für die Intensivstation. In einer Umgebung, in der sich der Zustand eines Patienten rapide verschlechtern kann, sind diese Eigenschaften von entscheidender Bedeutung. Wir denken nicht erst dann über die nächsten Schritte nach, wenn das Beatmungsgerät kaputt ist oder der Strom ausfällt. Für alle diese Ereignisse gibt es sorgfältig ausgearbeitete, regelmäßig aktualisierte und mehrfach eingeübte Verfahren. Durch Simulationen von Herzstillständen, Einlieferungen mit Mehrfachverletzungen und anderen kritischen Ereignissen lernt das Team schnelles und geschlossenes Handeln. Die ständige Notfallbereitschaft fördert Wachsamkeit und zielgerichtetes Handeln und verwandelt potenzielle Krisen in beherrschbare Situationen. Aber auch das Leben außerhalb des Krankenhauses hält einige vorhersehbare Katastrophen für uns bereit. Eines Tages ist der Autoreifen platt, die Bankkarte wird abgelehnt. Die Eltern sterben. Es kann sehr hilfreich sein, sich auf diese kommenden Überraschungen vorzubereiten – wenn auch nur gedanklich.

Durch meine Arbeit auf der Intensivstation bin ich ständig Stresssituationen ausgesetzt und habe dadurch eine emotionale Widerstandsfähigkeit und zugleich ein tiefes Verständnis für die Verletzlichkeit und Stärke des Menschen entwickelt. Diese Perspektive schafft Raum für Empathie und Geduld, sie lenkt meinen Blick auf die flüchtigen Momente des Lebens. Sie lehrt mich, Gesundheit, zwischenmenschliche Beziehungen und uns bleibende Zeit wertzuschätzen, denn jeder Moment ist kostbar und schützenswert. Sie lehrt mich, dass alles relativ ist. Wenn man sich täglich um Menschen kümmert, die am Rande des Todes stehen, jagen einem ein platter Reifen oder eine abgelehnte Bankkarte nicht mehr so viel Angst ein. Wenn ich bei meiner Laufrunde anfange zu jammern, weil es plötzlich hagelt, denke ich an die Patienten mit Wirbelsäulenverletzungen, die alles dafür geben würden, wenn sie nur mit mir durch die Kälte joggen könnten.

Wer die Grenzen von Beruf und Alltag verlässt, dem eröffnet sich ein ähnlicher Perspektivwechsel. Das kann etwa durch ehrenamtliches Engagement geschehen, bei dem man sich mit Menschen befasst, denen es weniger gut geht als einem selbst. Oder durch das Lesen von Büchern, in denen das Leben der Generation vor uns geschildert wird. Die Erinnerung an vergangene harte Zeiten macht uns deutlich, was wir alles schon erreicht haben. Man kann sich natürlich auch an Mark Twain halten, der sagte: »Ich bin ein alter Mann und habe viel Schreckliches erfahren, aber zum Glück ist das meiste davon nie eingetroffen.«

Es waren zehn Jahre vergangen seit dem Tag, an dem Kai versucht hatte, das Leben der Mutter zu retten und die Herzdruckmassage so lange fortgeführt hatte, bis zumindest das Leben ihres Babys gerettet war. Inzwischen befand er sich in den letzten Wochen seiner Facharztausbildung in der Intensivmedizin. Es waren brutale Jahre gewesen, vor allem durch die Coronapandemie. Kai musste schwierige Prüfungen bestehen und langwierige Forschungsprojekte abschließen und dabei den Anforderungen als Vater von drei kleinen Kindern gerecht werden. Jetzt aber bestand Aussicht auf eine kleine Auszeit: Kai freute sich auf ein längst überfälliges Treffen mit seinen Freunden, das wegen der Pandemie mehrfach abgesagt worden war. Man hatte ein Ferienhaus auf dem Land gemietet, in dem die Familien ein gemeinsames Wochenende verbringen wollten.

Los ging es nach Kais letztem Nachtdienst als Assistenzarzt. Auf der Fahrt zum Peak District-Nationalpark wechselten sich Kai und seine Frau am Steuer ab. Kaffee und Musik halfen ihnen über die letzten Kilometer, bei ihrer Ankunft nach Einbruch der Dunkelheit warteten ein kaltes Bier und alte Freunde auf sie.

Gute Gespräche und die Erinnerung an gemeinsame Erlebnisse verzögerten das Kochen, sodass es fast Mitternacht war, als sie sich endlich zum Essen an den Tisch setzten. Die Kleinen bildeten eine selbstverwaltete Kinderkrippe und verlangten kaum Aufmerksamkeit. Nachdem die Babys in ihre Bettchen gebracht und das Geschirr neben der Spüle gestapelt worden war, gingen Kai und seine Frau schlafen. An der Tür standen schon ihre Wanderschuhe bereit für die Tour am nächsten Morgen.

Kais jüngster Sohn, der drei Monate alte Dylan, wachte kurz nach drei Uhr morgens auf und wollte gestillt werden, schlief aber bald wieder ein, nachdem Kai ihn fürs Bäuerchen herumgetragen hatte. Während er Dylan noch an seine Brust drückte, brach Kai plötzlich in Schweiß aus, ihm war übel und er hatte das Gefühl, er müsste sterben. Das tat er auch.

Schnell übergab er das Baby seiner Frau, dann brach er auf dem Bett zusammen, krampfte und schlug mit dem Kopf an den hölzernen Nachttisch. Was seine Frau daraufhin tat, rettete Kai das Leben. Wüssten Sie, was zu tun ist? Könnten Sie ein Leben retten?

Auf unserer Intensivstation haben wir zwar hochmoderne Geräte und teure Medikamente, doch das wirksamste Mittel bei einem Herzstillstand liegt in Ihren Händen. Sie können Leben retten.

In uns allen steckt das Potenzial für drei Milliarden Herzschläge. Wir alle sterben jeden Tag viele Male, in den Pausen zwischen diesen drei Milliarden Herzschlägen. In Großbritannien aber brechen jedes Jahr 30 000 Menschen unvermittelt zusammen, weil sie einen Herzstillstand erleiden, bevor sie bei den drei Milliarden ankommen. Ihr Herz hat entweder wie das von Kai vollständig aufgehört zu schlagen, es fibrilliert (oder flimmert) 200 Mal pro Minute, oder es ist trotz funktionierender elektrischer Schaltkreise nicht in der Lage, Blut zu pumpen. Zwei von zehn Betroffenen überleben, einer mit einem »guten neurologisches Ergebnis«, wie es unter Medizinern heißt. Diese Person lebt normal weiter, sie kehrt an ihren Arbeitsplatz zurück und tut, woran sie Freude hat. Und das ist phänomenal. Solche medizinischen Ausnahmefälle versetzen mich immer wieder in Erstaunen. Wenn Menschen vom Tod wieder ins volle Leben zurückkehren, kommt es einem fast vor wie Zauberei.

Die Bilanz aber ist tragisch. Denn wenn garantiert wäre, dass Personen unmittelbar vor Ort eine Herzdruckmassage durchführen, könnten Tausende weitere Leben gerettet werden: Tausende weitere Ehemänner könnten zu ihren Frauen, Töchter zu ihren Vätern zurückkehren, und Freunde könnten wieder gemeinsam Kaffee trinken. Wenn Sie bei jemandem einen Herzstillstand beobachten und sofort reanimieren, ist die Wahrscheinlichkeit, dass diese Person überlebt und nach Hause zurückkehrt, doppelt so hoch. Was kann einen davon abhalten?

Man könnte etwa befürchten, etwas falsch zu machen oder noch mehr Schaden anzurichten. Doch welcher Schaden sollte das sein, da die Person doch bereits tot ist. Die Überlebenschancen verdoppeln sich durch eine sofortige Wiederbelebung (oder Defibrillation), und da es zu 80 Prozent zu Hause oder bei der Arbeit zu einem Herzstillstand kommt, ist eigentlich immer wenigstens eine Person anwesend, die Erste Hilfe leisten kann. Eines Tages sind vielleicht Sie diese Person.

Eine Reanimation ist nicht kompliziert, man benötigt hierfür kein medizinisches Fachwissen. Schon meine elfjährige Tochter Mimi kann eine Herz-Lungen-Wiederbelebung durchführen. Sie hat es in der Schule gelernt, lebensrettende Sofortmaßnahmen gehören in Wales zum Lehrplan. Es gibt kaum eine wichtigere Lektion, die Schulen vermitteln können. Abgesehen vom Gleichsetzungsverfahren.

Können auch Sie Leben retten? Auf jeden Fall. Dieses Buch kann nicht nur Ihre eigene Zukunft, sondern auch das Leben eines anderen Menschen verändern. Eine frühzeitige Herz-Lungen-Wiederbelebung bei einem Herzstillstand ist entscheidend für einen guten Ausgang. Selbst der schnellste Krankenwagen kann nicht schneller bei einem Patienten sein als die Person, die danebensteht. Legen wir also los. Bitte schalten Sie Ihr Telefon auf lautlos, schließen Sie die Tür und stellen Sie Ihr Getränk ab.

Legen Sie den Handballen Ihrer rechten Hand mittig auf Ihre Brust, zwischen die Brustwarzen. Die andere Hand legen Sie darüber. Und jetzt wird gesungen, nämlich der Bee Gees-Klassiker »Stayin' Alive« aus dem Jahr 1977. Drücken im Takt des Liedes mit beiden Händen auf den Brustkorb: »Ah, ha, ha, ha, stayin' alive, stayin' alive Ah, ha, ha, ha, stayin' alive.«

Tatsächlich funktioniert hier jedes Lied mit 100 Schlägen pro Minute, ob es nun Gloria Gaynors »I Will Survive« oder Europes »The Final Countdown« oder auch Taylor Swifts »You're Losing Me« ist.

Herzlichen Glückwunsch! Sie haben gerade eine Wiederbelebung in der richtigen Position und mit der richtigen Geschwindigkeit durchgeführt. Die Teilnahme an einem Erste-Hilfe-Kurs kann Ihre Fähigkeiten noch weiter verbessern, doch schon jetzt gilt: Wenn Sie miterleben, wie eine erwachsene Person zusammenbricht, nicht richtig atmet und nicht die üblichen Lebenszeichen zeigt, sind sie in der Lage, diesem Menschen zu helfen. Stellen Sie sicher, dass der Rettungsdienst alarmiert wurde, gehen Sie auf die Knie und setzen Sie Ihr Wissen in die Tat um. Halten Sie die Arme gestreckt und drücken Sie kräftig nach unten, bis Sie spüren, wie sich der Brustkorb nach innen bewegt. Sie tun damit auf jeden Fall mehr Gutes als dass Sie Schaden anrichten. Sie können diesem Menschen das Leben retten. Tun Sie es nicht, tritt ein viel größerer Schaden ein – der sichere Tod. Wenn Sie nach dem Lesen dieses Artikels jemals jemandem das Leben retten, schreiben Sie mir bitte und erzählen Sie mir davon. Ich freue mich darauf.

Noch strukturierter gehen Sie durch das Befolgen dieser Schritte vor:

Hilfe rufen

Ist eine Person kollabiert und reagiert nicht, bitten Sie eventuell Umstehende um Hilfe, machen Sie auf die Situation aufmerksam.

Ansprache

Rütteln Sie die Person vorsichtig an den Schultern und sprechen Sie sie an. Prüfen Sie, ob die Person bei Bewusstsein ist.

Atemkontrolle

Sehen und hören Sie nach, ob die Person atmet: Hebt und senkt sich der Brustkorb in einem normalen Rhythmus? Ist die Atmung flach, unregelmäßig oder hat sie komplett ausgesetzt? Ist keine normale Atmung feststellbar, handelt es sich um einen Notfall.

Notruf 112 absetzen

Stellen Sie Ihr Telefon auf den Lautsprechermodus und legen es auf den Boden neben sich. Der Leitstellenmitarbeiter am anderen Ende weiß, ob sich ein automatisierter externer Defibrillator (AED) in der Nähe befindet. Wenn dem so ist, bitten sie jemandem, diesen zu holen. Die Leitstelle wird Ihnen genaue Anweisungen zu seinem Gebrauch und zur Durchführung der Herzdruckmassage geben.

Herzdruckmassage beginnen

Legen Sie eine Hand auf die andere und verschränken Sie die Finger, um mehr Stabilität zu haben. Legen Sie den Handballen mittig auf die Brust, zwischen den Brustwarzen. Drücken Sie dann fest nach unten, etwa zweimal pro Sekunde im Takt des Bee Gees-Songs »Stayin' Alive«. Es ist nicht schlimm, wenn Sie das Lied nicht kennen und etwas langsamer oder schneller sind. Alles ist besser als nichts.

Dranbleiben

Sie müssen kräftig drücken. Es ist ganz natürlich, dass Sie Sorge haben, die Person zu verletzen, doch kommt es bei einer effektiven Herzdruckmassage oft zu leichten Verletzungen wie Rippenbrüchen. Trauen Sie sich, machen Sie weiter. Die richtige Durchführung der Wiederbelebungsmaßnahmen ist anstrengend, daher sollten Sie sich mit anderen Helfern abwechseln, damit eine konstante Herzdruckmassage gewährleistet ist, bis Lebenszeichen erkennbar sind oder ein Defibrillator eintrifft.

Wie lange weitermachen?

Halten Sie die Herzdruckmassage aufrecht, bis Lebenszeichen erkennbar sind oder qualifizierte Hilfe eintrifft. Ist wieder ein normaler Puls spürbar, sprechen wir von der »Rückkehr des Spontankreislaufs«. Und je länger es dauert, bis dieser eintritt, desto geringer sind die Überlebenschancen. In Stresssituationen ist es jedoch oft selbst für Ärzte schwierig, einen Puls zu fühlen. Sekunden kommen einem wie Minuten, Minuten wie Stunden vor.

Was ist mit »Mund-zu-Mund-Beatmung«?

Sofern Sie keinen Erste-Hilfe-Kurs absolviert haben, wird die »Mund-zu-Mund-Beatmung« bei Erwachsenen offiziell nicht mehr empfohlen. Ein Herzstillstand tritt überwiegend bei Personen im Alter von 15 bis 64 Jahren auf und ist herzbedingt, daher lautet die Standardempfehlung, sich auf die Herzdruckmassage zu beschränken.

Im 19. Jahrhundert wurde der Tod nicht versteckt, nein, er diente gar zur Unterhaltung. Im Pariser Leichenschauhaus »La Morgue«, wurden unbekannte Tote zur Identifizierung hinter großen Fenstern aufgebahrt. Doch das »einzige kostenlose Theater in Paris« zog auch viele Schaulustige an. Obwohl zur Kühlung kaltes Wasser von der Decke tropfte, überdauerten die ausgestellten Leichen nur wenige Tage. Um weiterhin eine Identifizierung zu ermöglichen, nahm man den Toten einen Wachsabdruck des Gesichts ab, der ebenfalls öffentlich gezeigt wurde.

Eines Tages wurde ein etwa sechzehnjähriges Mädchen in der Seine gefunden, das vermutlich Selbstmord begangen hatte. Als die Leiche auch nach mehreren Tagen nicht identifiziert werden konnte, wurde ihr überraschend ruhiges Lächeln in einer Wachsmaske festgehalten. Daraufhin fanden sich derart viele Menschen ein, die das friedvolle Antlitz der Ertrunkenen sehen wollten, dass findige Händler bald Souvenirbilder der »L'Inconnue de la Seine« (»Die Unbekannte aus der Seine«) verkauften. Obgleich sie eine so große Berühmtheit erlangte, konnte die Identität der jungen Frau nie geklärt werden.

Viel später, in den 1940er Jahren, wäre der Sohn des norwegischen Spielzeugherstellers Asmund Laerdal beinahe in einen See ertrunken, wurde aber durch das schnelle Handeln seines Vaters gerettet. Das bewog Laerdal, seine Expertise in der Kunststoffverarbeitung in die Produktion von lebensgroßen Puppen für das Reanimationstraining zu stecken. Als es darum ging, welches Gesicht die Puppe tragen sollten, erinnerte sich Laerdal an die lächelnde Totenmaske, die in seinem Elternhaus gehangen hatte. Und so wurde aus der »L'Inconnue de la Seine« die weltweit eingesetzte »Resusci Anne«.

Seit 1960 hat Anne über 500 Millionen Menschen beim Erlernen der Wiederbelebungsmaßnahmen geholfen – so auch mir, Kai und seiner Frau, einer Allgemeinärztin. Das Unternehmen Laerdal schätzt, dass dank der schönen Unbekannten mehr als zwei Millionen Menschenleben gerettet wurden. Übrigens soll sie Michael Jackson zu seinem Songtext »Annie, are you okay?« inspiriert haben.

Und während Kai in der »Old Flour Mill« tot auf seinem Bett liegt, gibt seine Frau alles, um ihm das Leben zu retten. Der kleine Dylan liegt neben seinem Vater, während seine Mutter die Herzdruckmassage durchführt. Wie bei dem Herzstillstand der schwangeren Frau, die Kai als junger Assistenzarzt reanimiert hatte, könnte sich das zukünftige Leben von Mutter und Kind an diesem Punkt radikal verändern. Es ist das erste Mal, das Kai ähnliche Brustschmerzen wie damals spürt. Die beiden älteren Kinder spähen ins Zimmer und fragen: »Mama, was machst du da?«

Dylan hatte Kais Frau Seren auf ein Einzelbett neben seinem Vater gelegt, bevor sie mit der Herz-Lungen-Wiederbelebung begann. Sie schrie um Hilfe, und bald stürmten Freunde ins Schlafzimmer. Die Alarmierung des Rettungsdiensts geriet hektisch und wurde durch das schwache Telefonsignal und das lange WLAN-Passwort erschwert. Als der Krankenwagen eintraf, war Kai wie durch ein Wunder bei Bewusstsein. Er versuchte sich aufzurichten und scherzte: »Falls ich da eben gestorben bin, kann ich euch hiermit mitteilen, dass drüben nichts ist!«

Außer Kai und seinem Chirurgenfreund lachte niemand. Letzterer bewegt sich genau wie Kai täglich auf der Grenze zwischen Leben und Tod, da hilft oft nur Humor beim Weitermachen. Doch sobald das Lachen verstummt war, hatte Kai erneut das Gefühl, sterben zu müssen.

Kais Herzfrequenz sank immer wieder auf ein Level ab, das man sonst bei Riesentieren wie einem 200 Tonnen schweren Blauwal sieht. Bei einem Wal mögen sechs Herzschläge pro Minute ausreichen, da jedes Mal große Mengen Blut in den Körper gepumpt werden. Doch Kais menschengroßes Herz würde in einem solchen Takt niemals für ausreichend Sauerstoff in seinem Gehirn sorgen.

Obwohl Kai an seinem schmerzenden Brustkorb merkte, dass seine Frau gerade eine Herz-Lungen-Wiederbelebung durchgeführt hatte, spürte er keine Angst. Er erzählte mir, die größte Angst habe er nicht in diesem Moment, sondern vielmehr zehn Jahre zuvor gehabt, als er im obersten Stockwerk eines alten Krankenhauses im neuseeländischen Christchurch gearbeitet hatte. Am Dienstag, dem 22. Februar 2011, um 12:51 Uhr gab es in Christchurch ein Erdbeben der Stärke 6,3, das schwere Schäden verursachte und 185 Tote sowie mehrere Tausend Verletzte forderte. Das Epizentrum des Bebens lag nur wenige Kilometer südöstlich des Krankenhauses. Die schweren Erschütterungen, die Kai oben in diesem alten Gebäude gespürt hatte, lösten ein rohes, primitives Gefühl in ihm aus. »Ich dachte, jetzt wäre es vorbei.« Die tatsächliche Begegnung mit dem Tod fühlte sich jedoch anders an. »Ich war erst tot, dann war ich wieder lebendig«, sagte er.

»Es ist im Grunde nicht mir passiert, es waren meine Familie und Freunde, die das durchgemacht haben. Tot zu sein ist gar nicht so schlimm.«

Das Nachdenken über den Tod kann schwer sein. Wie Kai habe ich keine Angst davor, tot zu sein, aber ich habe Angst vor dem Sterben. Denn der Tod ist ein schmerzfreier binärer Zustand, genau wie die Millionen Jahre, bevor man auf die Welt gekommen ist. Sterben ist anders, es ist ein nichtbinärer, quantitativer Prozess. Man durchlebt das Sterben, man ist dabei. Sterben und Tod stehen uns allen bevor, wobei sich viele Mediziner, Pflegende, Patienten und Angehörige dieser Tatsache verweigern.

In unserer von Langlebigkeit besessenen Welt fällt es uns immer schwerer, einen natürlichen Tod zu akzeptieren oder zu begreifen, was in unseren letzten Tagen wirklich wichtig ist. Stattdessen wüten wir mit unserem inneren Dylan Thomas gegen das Erlöschen des Lichts: »Rage, rage against the dying of the light«. Die Intensivstation, auf der ich arbeite, ist ein technisches Wunderwerk. Wir haben Maschinen, die vorübergehend Lungen, Herz und Nieren ersetzen können. Wir haben starke Medikamente, die das Immunsystem ausschalten, den Blutdruck verändern und Erinnerungen auslöschen können. Vor allem aber haben wir Mitarbeiter, die über die Fähigkeit verfügen, diese Mittel einzusetzen, und die die richtige Einstellung zur Pflege haben. Menschen werden schließlich nicht durch Betten geheilt, sondern durch Menschen.

Bei Patienten, die bereits sterbenskrank sind, wenn sie ins Krankenhaus kommen, ist die Intensivpflege mit enormen Kosten verbunden, und das im wörtlichen wie im übertragenen Sinn. In einer Phase, in der Nähe und Zuwendung am wichtigsten sind, greifen wir allzu oft auf Hightech zurück und vergessen dabei die Menschlichkeit. Ein fehlgeleiteter Heroismus seitens der Medizin führt dazu, dass Menschen von ihrer Familie, den ihnen Nahestehenden getrennt und aus ihrer gewohnten Umgebung herausgerissen werden. Sterbenden, denen wir möglichst viele Steine aus dem Weg räumen sollten, legen wir stattdessen mehr Schläuche als ein Dudelsack Pfeifen hat. Diese gut gemeinten medizinischen Eingriffe stützen dann die Feststellung, wir hätten »hart gekämpft«, und niemand kann uns beschuldigen, »aufgegeben« zu haben. Es ist die Diskrepanz zwischen dem, was sich so viele Menschen am Ende ihres Lebens wünschen, und dem, was sie möglicherweise erhalten, gegen die wir alle »wüten« sollten.

Die Diagnose Tod zu stellen, ist emotional fordernd, gehört aber seit Jahrhunderten zu den Aufgaben eines Arztes. Überraschenderweise gibt es im britischen Recht keine offizielle Definition des Todes. Stattdessen stützen wir uns auf verschiedene Richtlinien, darunter eine der Academy of Medical Royal Colleges, in der es heißt:

> Der Tod bedeutet den unumkehrbaren Verlust der wesentlichen Eigenschaften, welche für die Existenz eines lebenden menschlichen Individuums notwendig sind. Als Definition des Todes sollte daher der irreversible Verlust des Bewusstseins in Verbindung mit dem irreversiblen Verlust der Atemfunktion gelten.

Wenn ich zu einer Todesfeststellung gerufen werde, führe ich jedes Mal das gleiche Ritual durch. Zunächst rede ich den Verstorbenen an. Auf der Intensivstation haben die Patienten oft die Augen geschlossen, weil sie sediert oder schwerstkrank sind. Ich spreche trotzdem mit ihnen und erkläre ihnen, was ich tue. Wir sind oft überrascht, wenn sich genesende Patienten an Fragmente aus ihrer Zeit im Koma erinnern. Daher bleibt für mich die Kommunikation auch über den Tod hinaus entscheidend, selbst wenn keine Reaktion zu erwarten ist.

Ich sage Hallo und stelle mich vor. »Ich fühle jetzt Ihren Puls«, sage ich. Ich lege ihnen Zeige- und Mittelfinger an den Hals und taste nach dem charakteristischen Klopfen der Halsschlagader. Gleichzeitig setze ich mein Stethoskop auf die Brust und lausche auf das Geräusch der Herzklappen. Und dann warte ich – stille, langsame fünf Minuten. Ich lausche auf Stille und spüre nach Abwesenheit. Es ist kein Geräusch zu hören und kein Puls zu fühlen. Diese Feststellung ist manchmal verwirrend. Der Verstand spielt einem gern Streiche und man spürt den eigenen Puls, fühlt und hört den eigenen Herzschlag.

Als Nächstes öffne ich die Augen des Patienten und leuchte mit meiner Stiftlampe in die Pupillen – die »Sehlöcher«, durch die das Licht ins Innere des Auges fällt. Bei Lebenden verengen sich die kreisförmigen Öffnungen zu einem winzigen schwarzen Punkt, bei Toten aber bleiben sie groß und dunkel, wie Fenster, aus denen nichts mehr dringt. Am Ende lege ich die Hand fest auf den Knochenrand über den Augen und sage leise: »Es tut mir leid.« Nichts passiert. Der Patient ist tot.

Viel schwieriger als die Feststellung des Todes ist das Sprechen über ihn. Ich führe jedes Jahr etwa 200 schwierige Gespräche, in denen ich meinem Gegenüber mitteile, dass der Ehemann, die Ehefrau, der Bruder, die Mutter, der Vater, die Schwester, der Freund oder die Freundin gestorben ist oder nie mehr dieselbe Person sein wird. Jedes Gespräch, jedes »Es tut mir leid«, jedes Mal, wenn ich sehe, wie Menschen vor Hoffnung und Angst weinen, nagt an meiner Seele. Dazu kommt das Wissen, dass es eines Tages einen selbst treffen wird. Grausam ist oft auch der Zeitpunkt des Todes. Ich habe den Tod von Menschen bestätigt, die Geburtstag, Hochzeitstag oder den ersten Geburtstag des Kindes feiern wollten. Die ihre Lieblingsband sehen, eine große Reise unternehmen oder jemanden einen Heiratsantrag machen wollten.

Die Reaktionen der Familie auf eine Todesnachricht sind ebenso vielfältig wie die Tragödien selbst. Die Menschen weinen, schreien, lachen, laufen weg, danken uns, sie begreifen, sie schlagen gegen die Wand, schlagen sich selbst, schlagen andere. Sie flehen uns an, dass wir uns irren, sie verweigern die Möglichkeit des Todes, und selbst ein Atheist bittet Gott um ein Wunder. Diese Reaktionen sind weder richtig noch falsch, sie sind einfach Teil der menschlichen Trauer und der Hingabe, die Liebe erst möglich macht.

Die moderne Medizin ist ein Wunder, doch sie kann auch ein Fluch sein, vor allem für gebrechliche, hochbetagte Menschen, und hier besonders für jene mit tödlichen Krankheiten. Ehrliche, direkte und rücksichtsvolle Kommunikation lässt die Betroffenen verstehen, dass das Ende naht und wahrscheinlich unvermeidbar ist. Als der Arzt, der erst in letzter Minute hinzukommt, habe ich oft erlebt, dass im Vorfeld viel verschleiert wurde. Kommunikation war schon immer das wichtigste Verfahren in der Medizin. Ich habe die Euphemismen abgesetzt und verschreibe stattdessen mitfühlende Offenheit. In diesen Momenten ist Klarheit wichtig. Nicht zuletzt von der Palliativmedizinerin Dr. Kathryn Mannix und ihrem Buch *With the End in Mind* habe ich gelernt, wie wichtig Ehrlichkeit gegenüber den Angehörigen von Sterbenskranken ist.

Eine ebenso bedeutende Rolle wie in der Vorbereitung auf das Ende spielt Sprache nach dem Eintreffen des Todes. In der unmittelbaren Trauer ist die Ungläubigkeit noch stark und lässt die Angehörigen Worte so deuten, dass es am wenigsten schmerzhaft ist. Aussagen wie: »Ich fürchte, wir haben Ihre Mutter verloren«, »Ihr Vater ist nicht mehr unter uns« oder »Ihr Sohn ist von uns gegangen« werden wörtlich verstanden. »Wo sind sie hingegangen?«, lautet die Reaktion. Ich stelle mich also der Realität und sage: »Es tut mir sehr leid. Ihre Mutter ist gestorben.«

Sterben und Tod finden für viele Patienten nicht statt, wie sie es sich wünschen, und vor allem auch nicht, wo sie es sich wünschen. Früher starben Menschen zu Hause, umgeben von Familie, Freunden, Nachbarn und Haustieren. Die amerikanische Bestatterin und Autorin Caitlin Doughty drückt es so aus: »Zu Hause war dort, wo der Tod war«. Ein größerer Kreis kam zusammen, die Menschen verbrachten Stunden, Tage oder Wochen damit, das Ereignis zu begreifen. Man gab und fand Trost. Man hielt anderen die Hand, trank Tee, buk Kuchen und tätschelte den Hund. Heute dagegen versteckt sich das Sterben vor aller Augen. Es wird institutionalisiert, technisch begleitet und durch Monitore und lateinische Begriffe verschleiert. In Krankenhäusern sind Tee, Kuchen und Haustiere häufig verboten, Besuche von Angehörigen werden reglementiert. Sicher, ich kann Fachwissen geltend machen, da wir Mediziner uns mit den Pillen und Maschinen auskennen. Aber ich gebe gerne zu, dass ich ein Laie bin, wenn es um Sinnsuche und Trauerbewältigung geht. Sterben und Tod sollten von der Gesellschaft gepflegt werden, stattdessen wurden sie von der Medizin gekapert.

Dieser Wandel war unvermeidlich. Schon 1950 warnte ein Vorreiter der Intensivmedizin: »Heute stehen wir vor der Aufgabe, den Patienten am Leben zu erhalten, irgendwann aber werden wir vor der Aufgabe stehen, ihn sterben zu lassen.« Dass sich die Intensivmedizin zu einem Fachgebiet entwickeln konnte, das unzählige Leben gerettet hat, erforderte Mut und Entschlossenheit. Es wird die gleiche Offenheit erfordern, damit sie zu einem Fachgebiet reift, das den Tod zulässt.

Dabei gilt zu beachten, dass wir den Tod auch deswegen institutionalisiert haben, weil er zu einem traumatischen Ereignis werden kann, wenn er zu Hause eintritt. Deshalb sollten mehr Ressourcen für die Palliativmedizin bereitgestellt werden, damit die Menschen in ihrer gewohnten Umgebung und im Kreise ihrer Nächsten verbleiben können. Trotz seines anfänglichen Widerstands hat dies auch Dylan Thomas erkannt. In seinem Gedicht »Do Not Go Gentle Into That Good Night« weicht die Aufforderung, sich dem Tod, der »ewigen Nacht« nicht »gelassen« zu ergeben, am Ende der Erkenntnis, dass »weise Menschen« wissen, dass das »Dunkel« unausweichlich ist: »Wise men at their end know dark is right«. Das Problem ist, dass diese weisen Männer und Frauen möglicherweise nicht diejenigen sind, die eine Reanimation durchführen – sondern die, die sie ungefragt erhalten.

In ihrer Arbeit als Allgemeinärztin, die sich um pflegebedürftige Menschen in höherem Alter kümmert, führt Seren regelmäßig Gespräche über die Herz-Lungen-Wiederbelebung. Wo wir nun diese wunderbaren Techniken beherrschen, stellt sich die Frage, warum man sie nicht grundsätzlich bei jedem Herzstillstand anwendet. Ist es zwingend unmoralisch, von ihr abzusehen?

Es gibt zwei unterschiedliche Szenarien, in denen ein Herzstillstand auftritt. Zum einen gibt es Patienten, die ein primäres Problem mit dem Herzen oder anderen Organen entwickeln, das zu einem unerwarteten Herzstillstand führt. Dieser kann durch einen plötzlichen Herzinfarkt, ein Blutgerinnsel in der Lunge oder ein schweres Trauma verursacht werden. In diesen

Fällen setzen wir alles daran, das zugrundeliegende Problem zu »beheben« und können durch die Herz-Lungen-Wiederbelebung Zeit gewinnen. Es wird alles Menschenmögliche unternommen – so hat etwa einer meiner Kollegen aus dem Medizinstudium, der beim walisischen Luftrettungsdienst tätig ist, noch am Straßenrand eine lebensrettende Operation am offenen Herzen durchgeführt.

Einen Herzstillstand haben zum anderen Patienten mit einer schweren Grunderkrankung, die das Endstadium erreicht hat. Patienten mit chronischen Herzerkrankungen, Lungenerkrankungen oder Krebs im Endstadium sterben alle *durch* einen Herzstillstand, nicht *an* einem Herzstillstand. Sie sterben an ihrer Grunderkrankung. Schließlich sterben wir alle auf dieselbe Weise: Unser Herz hört auf zu schlagen. Unter diesen Umständen signalisiert der Herzstillstand, dass die zugrundeliegende Erkrankung nicht mehr geheilt werden kann. Eine Reanimation bedeutet dann den Verlust der Würde des Patienten und eine enorme emotionale Belastung für das medizinische Personal. Es gibt hier kein akutes Problem, das man beheben könnte, sodass jede zusätzliche Zeit, die durch die Herz-Lungen-Wiederbelebung gewonnen wird, lediglich den Tod hinauszögert, anstatt das Leben zu verlängern.

So gesehen erscheint es schwer verständlich, warum jemand darauf bestehen sollte, am Ende des Lebens eine Herz-Lungen-Wiederbelebung zu erhalten. Die meisten Menschen, mit denen man darüber spricht, schließen dies für sich aus. Doch ist es schwer, ein solches Gespräch zu führen, wenn das Ende noch gar nicht da ist. Daher wäre es gut, wenn wir als Intensivmediziner manchmal die Initiative ergreifen und unsere Patienten auf eine nicht konfrontative, offene Weise nach ihrer Meinung zu diesen Themen fragen. Ein belastender, hochtechnisierter zweiwöchiger Aufenthalt auf der Intensivstation mit vergeblichen Behandlungen ist ein schlechter Ersatz für ein ehrliches Gespräch, in dem Patienten ihre berechtigten Wünsche bezüglich ihres Lebens und Todes äußern. Wenn wir mehr über unseren eigenen Tod sprechen, könnte dies dem Ende unseres Lebens vielleicht ein wenig den Schrecken nehmen.

Wenn bei einem der hochbetagten Bewohner ihres Pflegeheims das Herz zu schlagen aufhörte, wusste Seren, dass hier kein neues, womöglich leicht zu behebendes Problem aufgetreten war. Dieser Herzstillstand war für sie Teil einer natürlichen Kette vorhersehbarer Ereignisse. Die Todesursache lautete ganz einfach: ein langes Leben. Eine Reanimation würde das Leben nicht verlängern, sondern den Tod hinauszögern. Seren ist eine brillante Ärztin. Die Pflegeheimbewohner lieben sie.

Bei Kai aber war es ein komplett anderer Fall. Er war nicht der gebrechliche, alte weise Mann aus dem Gedicht von Dylan Thomas. Er war ein junger Mann bei bester Gesundheit – bis er starb. Es gab hier ein neues, akutes Problem, das behoben werden konnte. Daher war die Herz-Lungen-Wiederbelebung genau die richtige Entscheidung.

Nach seiner Ankunft im Krankenhaus führte man bei Kai Hunderte von Tests durch, um herauszufinden, was mit ihm passiert war. Die Blutversorgung seines Herzens war in Ordnung, es war also kein Herzinfarkt gewesen. Auch das elektrische Reizleitungssystem des Herzens funktionierte normal. Es gab keine Blutgerinnsel in seinen Lungen, keine Blutungen im Gehirn. Auch Kais Tod hatte seine Ursache im Leben – einem hektischen und anstrengenden Leben. Dem ständigen Bemühen, allem und allen gerecht zu werden. Er war nach einer anstrengenden Nachtschicht aufs Land gefahren, hatte sich mit Kaffee über den Tag gerettet, hatte wenig gegessen und getrunken, mit den Kindern gespielt, die Koffer geschleppt und sich mit seinen alten Freunden zusammengesetzt. In den Wochen davor hatte Kai unzählige Projekte bei der Arbeit jongliert, seine Eltern besucht und zu Hause renoviert. Noch davor hatte die Coronapandemie geherrscht, und Kai hatte gearbeitet, noch mehr gearbeitet und ein turbulentes Familienleben gemeistert. Wie viele Ärzte, insbesondere Intensivmediziner, war auch Kai ein Perfektionist. Nicht was sich selbst, sondern was andere betrifft. Er wollte niemanden enttäuschen, nahm mehr auf sich, als er bewältigen konnte, und wenn ihm etwas durchrutschte, dann fand er einen Weg, es wieder aufzuheben und auf seinen überbordenden Stapel zu legen.

Kein Wunder, dass Kai unter all dem zusammenbrach.

Guter Rat kommt manchmal aus unerwarteten Ecken. Als der ehemalige Tennisweltmeister Roger Federer die Bühne des Dartmouth College in New Hampshire betrat, wusste das Publikum aus frischgebackenen Ivy-League-Absolventen nicht so ganz, was es erwarten sollte. Es war erst das zweite Mal, dass Federer einen College-Campus betrat, hatte er selbst doch die Schule mit sechzehn abgebrochen. Aber er hielt einen absoluten Weltklasse-Ratschlag bereit. Seine Botschaft war genau das, was Kai hören musste.

Es war ein sonniger Tag im grünen New Hampshire, und der Tennisprofi im Ruhestand sah einfach perfekt aus mit seinem leuchtend weißen Kragen unter einer samtschwarzen Robe. Die Haare lagen extrem gut, die Haut strahlte und wenn er sein breites Lächeln zeigte, leuchteten die weißen Zähne. Federers Botschaft indes lautete: Es gibt keine Perfektion.

Dabei gab Federer nicht nur seinen persönlichen Eindruck wieder, sondern stützte sich auf Zahlen: In seiner 28-jährigen Profikarriere habe er zwar 80 Prozent der Begegnungen gewonnen, zugleich aber 46 Prozent aller Punkte verloren. Das Entscheidende dabei war jedoch, dass er auch nach diesen Punktverlusten weitermachen musste. Nicht darüber nachdenken durfte. Wenn ein Profitennisspieler über jeden verlorenen Punkt nachgrübeln würde, wäre ruckzuck der Satz und das ganze Match verloren. Ein Punkt ist nur ein Punkt. Wer vor Herausforderungen steht, der sollte sich ihnen mit ganzer Kraft stellen. Aber wenn ein Punkt abgegeben ist, dann ist er eben abgegeben. Und man macht weiter. Man widmet sich mit gleicher Kraft dem nächsten und dann dem übernächsten Punkt.

»Wenn man dabei ist, einen Punkt zu machen, ist es das Wichtigste überhaupt«, erklärte Federer. »Aber um welches Spiel im Leben es auch geht, ist es doch so, dass man manchmal eben auch verliert. Einen Punkt, ein Match, eine Saison, einen Job. Es ist eine ständige Achterbahnfahrt, mit lauter Höhen und Tiefen.«

Federers Rede wurde von den Medien übertragen, die aber nicht kommentierten, warum ihm ein dicker knorriger Baumstumpf als Rednerpult diente. Dieser erinnert nämlich an die »Lone Pine«, unter der sich die Absolventen des Dartmouth College ab 1829 traditionell versammelten, bis die riesige Kiefer 1895 von einem Blitz getroffen wurde. Der Stumpf ist kräftig und stabil, hat aber keine Wurzeln. Nach dem Blitzschlag konnte der Baum nicht gerettet werden. Damit ist er jetzt alles andere als perfekt. Als Rednerpult aber war er genau richtig. Er wird nur durch sein eigenes Gewicht an seinem Platz gehalten. Wie Bäume sind auch Menschen Gärten, die gepflegt, und keine Maschinen, die repariert werden müssen.

Kais Tod hatte letztendlich nicht eine, sondern viele Ursachen. A führt zu B ist selten eine Erklärung, die aufs Leben passt. Schlafmangel, eine hohe Arbeitsbelastung, Dehydrierung, etwas Wein, viel Kaffee, spätes Essen und Kais ohnehin schon langsamer Ruhepuls kamen zu dem zusammen, was sein Ende hätte bedeuten können. Stattdessen war es ein Neuanfang. Stress entsteht nicht nur, weil man zu viel tut, sondern weil man zu wenig tut, das einem das Gefühl gibt, lebendig zu sein.

Kai konnte sechs Monate lang nicht Auto fahren, was natürlich Auswirkungen auf den Familienalltag hatte. Einkaufen, die Kinder zur Schule bringen, zur Arbeit kommen, all das wurde zur großen Herausforderung. Kai musste sich auf die Mithilfe von Kollegen und Freunden verlassen. Die überwältigende Unterstützung von Familie, Freunden und sogar Fremden hat Kai und seine Frau tief bewegt. Das Pflegepersonal des Krankenhauses sammelte sogar Geld, um Kais Familie einen Wochenendausflug zu schenken. Es war für alle eine prägende Erfahrung, sowohl in Bezug auf die Nöte der Familie als auch die besondere Hilfsbereitschaft.

Kai sagte mir zunächst, ich solle lieber mit Seren statt mit ihm sprechen. Er kam sich fast wie ein Betrüger vor, was seinen Tod betraf. Er meinte, seine Geschichte sei nicht erzählenswert, so anders oder besonders sei er doch gar nicht. Aber während unseres Gesprächs kam ihm dann doch die Erkenntnis: »Meine Familie findet schon, dass ich mich verändert habe.«

Kai 2.0 ist nicht mehr mit 190 km/h unterwegs. Stattdessen sind es jetzt 160 km/h, aber das ist immerhin ein Unterschied. Er lässt den Stapel an Aufgaben nicht mehr so arg in die Höhe wachsen. Wenn etwas herunterfällt, kann er es auch liegen lassen. In den drei Monaten, die Kai für seine Rückkehr in den Job brauchte, nahm er die Unterstützung seines Umfelds an.

Freunde schickten ihm Essen und gute Wünsche. Er nahm sich Zeit für sich, ohne ein schlechtes Gewissen zu haben. Die Familie traf wichtige Entscheidungen, sie gab ihr Leben in der Stadt auf und zog an die Küste, obwohl das neue Zuhause über zwei Stunden von Kais Arbeitsplatz entfernt war. Sie wagten es trotzdem und sorgten dafür, dass es funktionierte. Als Kai wieder voll im Job war, gab er dennoch einige Aufgaben auf, um Platz für eine neue zu schaffen.

Er organisiert nun Treffen von im medizinischen Bereich tätigen Personen – von leitenden Oberärzten bis hin zu Pflege-Azubis –, die sich über die Erfahrungen mit kritisch erkrankten oder verstorbenen Patienten austauschen. Wir nennen diese Treffen »Morbidity and Mortality« (M&M)-Meetings. Nach der Vorstellung der einzelnen Patientengeschichten können die Teilnehmer eigene Erkenntnisse und Erfahrungen einbringen. Über das praktische Lernen hinaus schaffen diese M&M-Meetings eine Möglichkeit, belastende Erfahrungen emotional zu verarbeiten, sie fördern eine Kultur der stetigen Verbesserung und Transparenz. Kai spricht inzwischen von M&M&M-Meeting, wobei das dritte M für »merit«, also für Anerkennung steht. Anerkennung für all das Positive, das erreicht wurde, sei es die Rettung eines Lebens oder die Unterstützung von Angehörigen. Mögen die Verbesserungen auch nicht unmittelbar und für alle sichtbar eintreten, so können der Austausch und die Reflexion doch therapeutisch wirken. Es wird ein Raum angeboten, in dem medizinisches Fachpersonal emotionalen Stress und die eigene Menschlichkeit anerkennt und über Austausch gemeinsamer Erfahrungen Trost und Verständnis findet. Die Meetings verbessern damit letztendlich die Patientensicherheit, sie fördern die Widerstandskraft und die Weiterentwicklung des Personals, indem sie praktischen Rat mit emotionaler Unterstützung verbinden: Damit organisiert Kai – ob bewusst oder unbewusst – den Austausch über etwas, das er selbst durchgemacht hat, und hilft damit anderen.

Dabei verlangen die aus den Meetings gezogenen Lehren vielfach nicht, immer mehr zu tun. Stattdessen heißt es: Mache weniger, und mache es besser. Medizinstudenten, die sich mit der Frage quälen, wie sie mit einem komplexen Fall weiter verfahren sollen, sage ich gerne: »Tut doch nicht einfach rum, steht etwas!« Kai hat sein Leben grundlegend verändert, und auch Eddie Cantor, Broadway-Darsteller, Menschenfreund und Gründer einer Organisation zur Bekämpfung der Kinderlähmung wusste: »Mach langsam und genieße das Leben. Man verpasst nicht nur die Landschaft, wenn man zu schnell ist – man verpasst auch das Gefühl dafür, wohin man geht und warum.« Es geht hier nicht um Verzicht oder Rückzug. Sondern darum, Platz für das wirklich Wichtige zu schaffen. Loslassen ist oft der beste Weg zum Erfolg. Oder wie Roger Federer uns gezeigt hat: Gewinner sind die, die besser verlieren können.

Sonntage waren bei uns früher die reinste Qual. Immer begann es damit, dass ich mich mit meiner Tochter darüber stritt, dass sie Klavier üben sollte. Auf milde Drohungen, ihr das Handy wegzunehmen, folgten Bestechungsversuche. Nachdem sie ein paar Minuten lang Dur-Tonleitern gespielt hatte, die eigentlich Moll-Tonleitern hätten sein sollen, bat sie unweigerlich: »Kann ich aufhören?« Da wir bereits viel Zeit und Geld in den Unterricht investiert hatten, kam von mir stets ein entschlossenes »Nein!«. Ich glaubte, sie bräuchte nur mehr Durchhaltevermögen. Mehr Biss.

Montags bei der Arbeit legte ich wie Kai eben diese Beharrlichkeit an den Tag. Ich kämpfte mich weiter durch immerfort aufgeschobene Projekte und übernahm Rollen, aus denen ich längst herausgewachsen war. Es gibt Jobs, die nur dazu dienen, Zeit zu füllen. Und doch bleiben wir dran. Wir halten durch. Aufgeben kommt nicht infrage, es wäre eine Schande. Der Blick ist auf die bereits investierte Zeit, die erzielten Fortschritte und eingegangenen Verpflichtungen gerichtet.

An einem Sonntag bin ich ausgerastet. »Na gut, dann lass es eben!«, sagte ich zu meiner Tochter und warf die teuren Klavierbücher auf den Boden. Ich rechnete damit, dass sie einlenken würde, aber das tat sie nicht. Sie wusste es besser. Und jetzt widmet sie ihre Zeit einem Hobby, an dem sie Freude hat – dem Tanzen. Wir können gut gelaunte Sonntage verbringen. Sie tanzt furchtbar gerne und wirklich gut, sie fühlt sich wohl in ihrer Haut. Und das Mädchen, das nun ihren Platz an der überangefragten Musikschule übernommen hat, freut sich sicher auch. Manchmal ist eben nicht Durchhalten die Lösung, sondern rechtzeitiges Loslassen.

Führungskräften wird oft eingetrichtert, Aufgeben sei gleichbedeutend mit Versagen. Wer aber echte Führungsqualitäten besitzt, der verhilft vor allem anderen zum Erfolg. Gute Führungskräfte wissen, wann sie führen müssen und, was noch wichtiger ist: wann sie den Mund halten und zuhören sollten. Denn die Personen, die wir anleiten, brauchen Möglichkeiten und Räume, an denen sie wachsen und in denen sie sich entfalten können. Was ist, wenn wir diesen Raum bereits besetzen? In einer Folge seines Podcasts »Cautionary Tales« erzählt der britische Ökonom und Journalist Tim Harford, dass Nobelpreisträger, denen man doch besondere Beharrlichkeit nachsagt, oft vielfältige, oberflächliche Interessen verfolgen. Sie gehen den verschiedensten Beschäftigungen nach und lassen sie wieder fallen. Damit geben sie auch häufiger auf.

Beharrlichkeit hat natürlich ihre Berechtigung und ist an manchen Stellen unverzichtbar. Wir sollten sie nur klug einsetzen, indem wir uns auf Dinge konzentrieren, die wir gut können, die uns am Herzen liegen oder das Gefühl geben, wir selbst zu sein. Dazu gehört, dass man lieber tanzt, wenn Klavierspielen nicht zu einem passt. Oder sich von Projekten verabschiedet, die man ohnehin nie zu Ende bringen wird. Langweilig gewordene Rollen aufgibt, die andere mit frischer Energie und Tatkraft übernehmen. Statt die bereits investierte Zeit aufzurechnen, sollte man sich vielleicht lieber vergegenwärtigen, was man alles verpasst, wenn man mit Dingen beschäftigt ist, die einem im Grunde nicht liegen.

Man ist nie zu alt, um Klavier spielen zu lernen, aber man ist auch nie zu alt, sich von abgenutzten Dingen zu verabschieden. Loszulassen ist oft heilsamer als sich durchzubeißen.

Seit dem Abend in der Old Flour Mill macht Kai in seinem Leben einiges anders, wobei die größte Veränderung nicht ihn, sondern andere betrifft. Denn auch das war eine Erkenntnis: Wie sehr wir auf das Leben anderer einwirken. Wir leben eben nicht nur unser Leben. Andere leben durch uns, und unsere Worte und Taten verändern andere Leben, vielleicht sogar mehr als das eigene.

Kais Familie wusste, welche Spuren die Ereignisse bei ihnen selbst und bei ihren Freunden hinterlassen hatten. Auf ihrer nächsten Reise entdeckte sie eine vom Community HeartBeat Trust umfunktionierte Telefonzelle. Die Wohltätigkeitsorganisation setzt sich dafür ein, die Zahl öffentlich zugänglicher Defibrillatoren zu erhöhen, und das vor allem auf dem Land. Die berühmten roten »Jubilee Kiosk«-Telefonzellen wurden 1936 anlässlich des silbernen Thronjubiläums von König Georg V. eingeführt. In den 60er Jahren waren knapp 70 000 dieser Zellen überall im Königreich verteilt. Die Organisation verwandelt diese nun in Lebensrettungsstationen.

Die Umwandlung von Telefonzellen in Defibrillator-Standorte ist eine eindrucksvolle Metapher dafür, wie sich unser Leben verändern und verbessern lässt. So wie sich die Technologie weiterentwickelt, um neuen Anforderungen gerecht zu werden, können auch wir unsere Fähigkeiten, Gewohnheiten und Perspektiven neu ausrichten, um ein erfüllteres und wirkungsvolleres Leben zu führen. Wenn wir Veränderungen annehmen, anstatt uns ihnen zu widersetzen, können wir neue Möglichkeiten entdecken. Erkennen und nutzen wir doch unsere persönlichen Stärken und Erfahrungen, auch wenn diese veraltet oder irrelevant erscheinen. Sie können die Grundlage für neue, innovative Wege sein, die unserem Leben Sinn und Richtung geben – insbesondere dann, wenn sie sich auf das Leben anderer auswirken. Dies erfordert jedoch ein Nachdenken über unsere Fähigkeiten, Gewohnheiten und Erfahrungen. Der Tod ist hierzu die ultimative Möglichkeit. Nur sterben sollten wir dabei nicht.

Das Selfie, das Kais fünfköpfige Familie vor der umgewidmeten Telefonzelle aufgenommen hatte, wurde an alle verschickt, die bei dem denkwürdigen Wiedersehenswochenende dabei gewesen waren. Als die Familie einige Tage später nach Hause kam, lag eine Postkarte auf der Fußmatte. Sie war adressiert an »Dr. Defi«, mit dem Familien-Selfie als Motiv und dem Wort CLEAR in Großbuchstaben auf der Rückseite: Bereit! Sie war von dem Chirurgen geschickt worden, der über Kais Witz gelacht hatte: »Falls ich da eben gestorben bin, kann ich euch hiermit mitteilen, dass drüben nichts ist!«

Kai hatte sich geirrt. Es gibt etwas nach dem Tod – nämlich die Menschen, die man zurücklässt, zu deren Leben man etwas beigetragen, deren Wurzeln man gestärkt hat. Das Leben nach dem Tod besteht darin, in den Erinnerungen derer weiterzuleben, die einen kannten. Führen wir also ein Leben, das es wert ist, in Erinnerung zu bleiben, und hinterlassen wir Geschichten, die zu gut sind, um sie zu vergessen.

HERZLOS

Rhys, zweiundvierzig
Todesursache: Rugby
Lebensursache: Sich selbst vergeben

Als ich Rhys Thomas zum ersten Mal sah, trug er das blutrote Rugby-Trikot der walisischen Nationalmannschaft und trat im 75 000 Zuschauer fassenden Millennium Stadium von Cardiff gegen Italien an. Es war sein viertes von insgesamt sieben Länderspielen für Wales. Das zweite Mal traf ich Rhys in einem Café in der Nähe seines Zuhauses. Nur hatte er dieses Mal keinen Herzschlag.

Rhys wurde in Johannesburg geboren. Sein Vater stammte aus Wales und arbeitete als Ingenieur, seine Mutter war Künstlerin. Seine Kindheit verbrachte er größtenteils im Freien, er kletterte auf Bäume und spielte mit seinen vielen Cousins Cricket. Seine Sportbegabung brachte ihn an die renommierte, staatliche King Edward VII School in Houghton Estate, einem wohlhabenden Stadtteil von Johannesburg. Die lange Liste an Sportstars und Spitzenmanagern, die das Internat hervorgebracht hat, ist ein Beleg für die Werte, die Disziplin und Struktur, die dort vorgegeben wurden. Rhys brauchte diese Grenzen, so kanalisierte er seine Unbändigkeit in den Sport statt in Kriminalität oder Drogen.

»Es war wie beim Militär, nur ohne das Töten«, erzählte er mir.

Dennoch gab es an der Schule jede Menge Gewalt. »Viele hat es gebrochen, diese ständigen Schläge und Prügel. Nicht von den Lehrern, sondern von den älteren Jungs. Nach ein paar Jahren war man dann selber einer von denen und hat ausgeteilt.« Die Schule formte Rhys zu dem jungen Mann, der er werden sollte, später aber beförderte sie seinen Untergang.

Als 13-jähriger und absoluter Cricket-Fan verfolgte Rhys zusammen mit seinen Cousins auf einem großen Fernseher Südafrikas Sieg bei der Rugby-Weltmeisterschaft 1995. Das Land, das noch immer unter den Folgen der Apartheid litt, benötigte dringend ein Zeichen des Zusammenhalts. Und Rhys auch. Auf den Schultern der Springboks lasteten das Gewicht der Geschichte und die Hoffnung einer Nation.

Als Nelson Mandela im grüngoldenen Trikot das Spielfeld betrat, brach die Menge in ohrenbetäubenden Jubel aus, und es war wie ein Sinnbild für das Fallen der alten Barrieren.

Als der Schlusspfiff ertönte und Südafrikas Sieg über Neuseeland besiegelte, versetzte das die Menschen in einen Freudentaumel. Es war nicht nur ein sportlicher Sieg, sondern ein symbolischer Sieg für Einheit und Versöhnung. Menschen aller Hautfarben lagen sich in den Armen, sie weinten und feierten gemeinsam. Aber für Rhys spielte dieser Sieg noch eine andere Rolle. Er brachte ihn dazu, zum ersten Mal einen Rugby-Ball in die Hand zu nehmen. Als nach den Ferien die Schule wieder losging, ließ er seinen Cricketschläger zu Hause. Es dauerte zehn Jahre von seinem ersten Try gegen den Erzrivalen seines Internats, das Team der benachbarten Privatschule St John's, bis zu seinem Auftritt im roten Trikot der walisischen Mannschaft.

Die Entscheidung, für den Sport ans andere Ende der Welt zu gehen, fiel Rhys ziemlich schwer. In den Wochen vor der Unterzeichnung seines Rugby-Vertrags wurde ihm angeboten, in einem Kibbuz in Gaza zu leben. Dann aber erlebte er eine walisische Rugby-Mannschaft, die in Johannesburg zu Gast war: Die Jungs spielten Strip-Touch-Rugby, kriegten sich nicht mehr ein vor Lachen und rannten in der untergehenden Sonne nackt über den Strand. Das half dem lebenslustigen Rhys, den Schritt zu wagen. Bald darauf stieg er in Shorts und Flip-Flops aus dem Flugzeug und war im nassen walisischen Winter gelandet.

Rhys hatte einen Vertrag beim Rugby-Team der Industriestadt Newport unterschrieben. Es war ein gewaltiger Kulturschock. Er dachte an ein Missverständnis, als er an dem durchnässten Trainingsplatz abgesetzt wurde, der mit einer seltsamen Substanz bedeckt war, die er noch nie zuvor gesehen hatte: Schlamm. Obwohl Newport eine reiche Geschichte hat und seine Einwohner großen Zusammenhalt beweisen, gehen die Probleme dort weit über das Wetter hinaus. Die Hafenstadt gehört zu den strukturschwächsten Gebieten im Vereinigten Königreich. Die durchschnittliche Lebenserwartung beträgt drei Jahre weniger als im nur sechzehn Kilometer entfernten ländlichen Monmouthshire. Newport ist nach wie vor der einzige Ort, an dem ich gesehen habe, wie ein Hund in menschliche Exkremente getreten ist.

Trotz der krassen Akklimatisierung wurde Rhys nach kurzer Zeit in die walisische U21-Nationalmannschaft berufen und half dieser in seiner letzten Saison, die Six Nations zu gewinnen. Er kam als bester rechter Pfeiler ins Dreamteam für die Weltmeisterschaft, im Juni 2006 dann trug er bei der Begegnung mit Argentinien zum ersten Mal das walisische Trikot.

»Für Wales Rugby zu spielen, ist mit nichts in der Welt vergleichbar. Als ich mir das rote Trikot über den Kopf zog und zum ersten Mal das walisische Wappen auf meiner Brust spürte, klopfte mir das Herz. 75 000 Menschen sangen die Nationalhymne, Flammen schossen über den grünen Rasen, wir traten auf den Platz und kämpften achtzig atemberaubende Minuten lang.«

Doch mit den höchsten Höhen kommen auch die tiefsten Tiefen – eine Erfahrung, die viele Spitzensportler teilen. Rhys war als 18-Jähriger nach Wales verpflanzt worden und dort zum Superstar aufgestiegen. Nach den Spielen gab es Partys, Drinks ohne Ende und Versuchungen an jeder Ecke. Das an seiner Schule errichtete Fundament aus Disziplin bröckelte. Die körperliche Gewalt wurde durch ein brutales Trainingsprogramm ersetzt. Doch die Zeit auf dem Spielfeld reichte nicht, um Rhys seine Wildheit auszutreiben. Er tat Dinge, die er später bereute, und sagte Dinge, die er nicht so meinte. Wer sich betrinkt, borgt sich das Glück von morgen, heißt es. Wenn dem so ist, dann steckte Rhys tief in den Schulden, bei seinem Team, seiner Familie und sich selbst. Sein Fehlverhalten sollte er auf einer langen, schwierigen Reise mit sich schleppen, bis er schließlich lernte, ein besserer, stärkerer Mensch zu werden. Zunächst aber zerbrach er.

Zum ersten Riss kam es, als Rhys in einem sehr körperbetonten Spiel einem harten Schlag gegen die Brust abbekam. Dieser löste eine Kette von Ereignissen aus, die dazu führten, dass Rhys' Herz zwei Mal aussetzte. Es dauerte, bis Rhys ins Leben zurückfand – ein Leben, das unfassbar gut und unfassbar schwierig zugleich sein sollte.

Nicht nur Profisportler haben ihre Dämonen. Auch wir Ärzte leben selten nach den Ratschlägen, die wir unseren Patienten geben. Die britischen Medien hatten ihre helle Freude, als 2022 ein Foto der damaligen britischen Gesundheitsministerin Thérèse Coffey auftauchte, auf dem sie mit Zigarre und einem Glas Sekt zu sehen ist. Ich selbst lebe sicherlich nicht zu 100 Prozent gesund, und auch zu einem moralischen Vorbild reicht es nicht immer. An guten Tagen schaffe ich vielleicht 50 Prozent. Im medizinischen Bereich tätige Personen neigen häufiger als die Allgemeinbevölkerung zu gefährlichem Alkoholkonsum, über 20 Prozent sind Raucher. Ich erinnere mich noch, wie sich mein Gewissen meldete, als ich einen schwer verletzten Radfahrer versorgte, an diesem Morgen aber selbst ohne Helm zur Arbeit gefahren war. Einmal hatte ich ein Patientengespräch über Alkoholismus und lutschte dabei ein Pfefferminzbonbon, um die Afterparty vom Vorabend zu übertünchen. Kann es durchgehen, dass ein Herzchirurg raucht oder ein Hepatologe Whisky trinkt? Oder anders gefragt: Wie geht man mit der eigenen Heuchelei um, wenn unser Leben immer mehr exponiert wird und wir in den sozialen Medien unser gesamtes Privatleben ausschütten?

Der britische Kulturhistoriker und Wirtschaftswissenschaftler David Fleming schreibt in seinem Buch *Lean Logic*: »Nichts spricht dagegen, sich für Standards einzusetzen, die besser sind als die, die man in seinem eigenen Leben erreicht.« Ich bin kein leuchtendes Vorbild für ein perfektes Leben, aber ich kann dennoch als eine Art Coach fungieren, der Patienten anleitet, es besser zu machen als ich. Der portugiesische Coach José Mourinho hat als Spieler nur knapp 100 Begegnungen in der zweiten Liga absolviert. Und Arrigo Sacchi, einer der besten Fußballtrainer aller Zeiten, war nie als Profispieler aktiv.

Natürlich gibt es Grenzen, die man nicht überschreiten sollte, doch der Mensch ist nun mal ein komplexes und vielschichtiges Wesen. Wie heißt es bei Bob Dylan, in Anlehnung an Walt Whitmans *Song of Myself*: »I contain multitudes«. Wir alle stecken voller Widersprüche, wir haben unterschiedliche Stimmungen und unzählige Facetten. Und das ist in Ordnung. Vielleicht ist es sogar besser, wenn die, die andere in ihrer Lebensführung beraten, eben nicht die Perfektion in Person sind. Carl Sagan, einer der berühmtesten Wissenschaftler der letzten einhundert Jahre, sagte einmal: »Wir alle bestehen aus Sternenstaub.« Ich finde das sehr inspirierend. Wir alle sind quasi Recyclingprodukte, und es kommt nur darauf an, wie weit man zurückgehen möchte. Das Eisen in unserem Blut wurde vor Milliarden Jahren im Innern eines riesigen roten Sterns gebildet. Seitdem ist es durch unzählige Felsen, Berge, Bäume und Schmetterlinge gewandert. Eine schöne Vorstellung. Genauso ist es aber durch Waffen gewandert, durch Kugeln, die töten, durch Bakterien, die krank machen und durch Stahl, mit dem Blut vergossen wurde. Wie Fleming in seinem Buch treffend feststellt, wäre es in der Tat besorgniserregend, wenn unsere Ideale nicht besser wären als unsere Lebensweise.

Nach dem schweren Schlag gegen die Brust benötigte Rhys über Wochen Schmerzmittel und Steroidinjektionen. Aber selbst als die schwere Prellung abgeklungen war, kam nicht alles in Ordnung. Rhys hatte schlimme Kieferschmerzen und knirschte nachts mit den Zähnen. Während des Trainings fühlte sich sein linker Arm angespannt an, und wie damals, als er zum ersten Mal das rote Welsh-Trikot trug, hatte er starkes Herzpochen – besonders nach den hochdosierten Koffein-Shots, die zum Standardprogramm des Trainings gehörten.

Nach einem Spiel erlitt Rhys einen Herzinfarkt und musste sechs Monate aussetzen. Doch dann erhielt er die Erlaubnis, zum Profisport zurückzukehren, und 2012 sah er endlich wieder Licht am Horizont. Im Rugby war er so stark wie seit Jahren nicht, seine Fitness war komplett wieder da, sein Geist hellwach. Er stand kurz davor, den Vertrag seines Lebens zu unterschreiben: Es sollte nach Frankreich, zum Team von Biarritz gehen, das für seine reiche Geschichte und seine starke Rugby-Tradition bekannt ist.

Sicher, das Leben kann einen auch hart treffen, wenn man schon am Boden liegt. Doch von ganz oben fällt man umso tiefer. Fünf Jahre war sein Herzinfarkt nun her, Rhys fühlte sich großartig und war in Topform. Am Tag vor dem Geburtstag seiner Mutter musste Rhys aufgrund einer leichten Nackenverletzung früher im Fitnessstudio sein als seine Mitspieler. Es stand Spinning auf dem Programm, 1000 Kalorien in 45 Minuten. Kurz vor Ende, in der 43. Minute, als die letzten paar Kalorien verbrannt waren, kehrten die bekannten Schmerzen in Nacken, Kiefer und Arm zurück. Rhys Blick verschwamm, als er vom Fahrrad stolperte und sich ins Büro des Physiotherapeuten schleppte. Er brach auf dem Boden zusammen, es wurde ein Krankenwagen gerufen, während Rhys regungslos und schweißüberströmt dalag, sein Gesicht so glänzend feucht wie ein fettiger Pizzakarton. Es war ein erneuter, schwerer Herzinfarkt.

Im Krankenhaus versuchten die Ärzte, die sein Herz umgebenden Blutgefäße mit einem dünnen Schlauchkatheter zu öffnen, der durch die Arterie in seinem rechten Handgelenk eingeführt wurde. Doch währenddessen verschlechterte sich die Blutversorgung seines Herzmuskels noch weiter. Sein Herz drohte zu versagen. Man brachte Rhys sofort in den Operationssaal, stoppte sein Herz absichtlich und legte einen vierfachen Notfall-Bypass. Als die Chirurgen Rhys den Brustkorb öffneten, stellten sie fest, dass das zu seinem Herzen führende Hauptgefäß beschädigt war – eine Folge des Jahre zurückliegenden Brusttraumas und der körperlichen Beanspruchung durch hartes Training und ungesunde Lebensweise. Die Vorderwand des Herzens war zu dünn, das Organ konnte nicht mehr pumpen. Bevor man ihn in den OP geschoben hatte, hatte sich der »wilde« Kraftprotz Rhys von seiner Frau und den Kindern im Alter von vier bis achtzehn Jahren mit den einfachen Worten verabschiedet: »Ich liebe euch.«

Der Satz »All you need is love« wird gerne als sentimentales Klischee abgetan. Wenn man aber über die Grenzen einer kitschigen Romanze hinausdenkt, trifft er ins Schwarze. Vielerorts heißt es, toxische Männlichkeit sei auf dem Vormarsch, und so kann es doch nur positiv stimmen, dass ein stämmiger südafrikanischer Rugby-Spieler mit Gewalterfahrung, als er seinem Ende entgegenblickte, die Liebe als letzte Botschaft wählte.

Vielleicht haben die Beatles mit ihrem berühmten Song auf Forschungsergebnisse hingewiesen, die zeigen, dass verheiratete Paare tendenziell länger leben als ihre alleinstehenden Altersgenossen. Dies wird vor allem auf die soziale und emotionale Unterstützung zurückgeführt, die eine lange Partnerschaft ausmacht. Ein Partner kann für einen gesunden Lebensstil sorgen, und dies führt zu weniger Drogenmissbrauch, niedrigeren Blutdruck und weniger Depressionen als bei alleinstehenden Gleichaltrigen. Jüngste Studien haben gezeigt, dass diese Vorteile keineswegs nur Liebesbeziehungen vorbehalten sind. Einen ähnlich positiven Effekt haben enge freundschaftliche Bindungen, in denen emotionaler Rückhalt und Zuneigung eine Rolle spielen. Die Ergebnisse legen nahe, dass es vor allem die Qualität sozialer Beziehungen und nicht eine bestimmte Art der Bindung ist, die langfristig Gesundheit und Wohlbefinden stärken.

Tödliche Personenunfälle an Windkraftanlagen kannte man bis 2013 nicht. Am 29. Oktober des Jahres jedoch starben im niederländischen Ooltgensplaat zwei von vier mit Wartungsarbeiten beauftragte Mechaniker. Nach einem Kurzschluss war in der Turbine ein Feuer ausgebrochen. Der in achtzig Metern Höhe gelegene Brandort stellte die Feuerwehr vor eine enorme Herausforderung. Ein Spezialteam wurde hinzugezogen, um mit einem großen Kran gegen die lodernden Flammen anzukämpfen. Zwei der Mechaniker konnten sich retten, die beiden anderen aber, zwei junge Männer im Alter von 19 und 21 Jahren, waren oben auf dem Maschinenhaus gefangen. Mit dem Tod vor Augen wurden sie nicht etwa panisch oder stürzten sich vom Turm, nein, auf Aufnahmen ist zu sehen, wie Daan Kous und Arjan Kortus sich umarmen, bevor schwarzer Rauch und Flammen ihre Körper verschlingen. »Love is all you need.« Liebe ist nicht alles, was wir brauchen, aber sie ist alles, woran wir denken, wenn uns nichts bleibt.

Rhys' Herz hielt stundenlang still, während die Chirurgen seine Gefäße überbrückten. Die anderen Organe wurden über eine große Herz-Lungen-Maschine mit Blut versorgt. Im Laufe der komplizierten Operation stellte das Team fest, dass aufgrund der früheren Brustverletzung und dem darauffolgenden Herzinfarkt mehr als die Hälfte seines Herzmuskels abgestorben war. Rhys Blutdruck war zu niedrig, als dass man ihn von der Bypass-Maschine hätte nehmen können. Die Chirurgen mussten die Aorta mit einem Ballonkatheter weiten, um einen ausreichenden Blutfluss herzustellen.

Als Rhys auf der Intensivstation aufwachte, kämpfte sein Körper weiter ums Überleben. Sein Gehirn litt unter Sauerstoffmangel, und was er träumte, war nicht von der Realität zu unterscheiden. Die Zimmerdecke verwandelte sich in eine Wüstenlandschaft, seine Frau erschien als Galionsfigur am Bug eines Piratenschiffs. Rhys durchlebte vergangene und zukünftige Leben und war doch in einer zyklischen Realität gefangen, die scheinbar Jahrzehnte andauerte. Auch als er zwei Wochen später aus dem Krankenhaus entlassen wurde, wurde es nicht viel besser.

Von einem Moment auf den anderen hatte sich Rhys von einem Profisportler in einen gebrechlichen, hilfsbedürftigen Schatten verwandelt, der nicht einmal mehr allein zur Toilette gehen konnte. Sein Herz konnte nicht richtig pumpen, er litt unter lähmenden Panikattacken, die er durch die im Krankenhaus erlernten Atemtechniken gerade so beherrschen konnte. Aber als selbst das nicht mehr half, kam eine der weltweit beliebtesten, verheerendsten Drogen zum Einsatz: Alkohol. Rhys verfiel wieder in seine selbstzerstörerischen alten Muster. Der Alkohol half ihm nicht etwa über den Tag, sondern verschlimmerte seinen Zustand noch. Seine Herzfunktion verschlechterte sich zusehends und Rhys kam auf die Warteliste für ein Spenderorgan. Man hatte ihm eine Lebensfrist von zwölf Monate gegeben, die Zeit verrann, doch konnte kein passendes Herz gefunden werden. Nach neun Monaten des Wartens stand Rhys vor einer schweren Entscheidung: Ohne Herzschlag leben oder seinen Herzschlag behalten und sterben.

Bei fast jedem Säugetier, sei es groß oder klein, zeigt sich ein faszinierender Zusammenhang zwischen Lebenserwartung und Herzfrequenz. Im Durchschnitt zählt ein Säugerleben eine

Milliarde Herzschläge. Das Herz einer Maus macht etwa 600 Schläge pro Minute und gewährt ihr eine Lebensdauer von zwei bis drei Jahren. Das Herz eines Blauwals dagegen, das nur etwa sechs Mal pro Minute schlägt, ermöglicht diesem, mehr als 100 Jahre alt zu werden. Nur der Mensch hat seine Lebensdauer durch medizinische Fortschritte künstlich verlängert und erreicht im Durchschnitt etwa drei Milliarden Herzschläge.

Wenn wir zum Bus rennen oder im Fitnessstudio trainieren, nimmt unsere Herzfrequenz zu. Und auch für Sportmuffel gilt: Während eines typischen sechsminütigen Geschlechtsverkehrs steigt die normale Herzfrequenz von 400 Schlägen pro Minute auf über 1000 Schläge pro Minute. Das Herz schlägt nicht nur schneller, sondern zieht sich auch kräftiger zusammen und stößt mit jedem Schlag 120 statt der üblichen 80 Milliliter Blut aus. Das durch den Körper gepumpte Blutvolumen steigt damit von 30 Litern auf mehr als 120 Liter. Ein geschädigtes Herz wie das von Rhys kann sich solchen Veränderungen nicht anpassen. Rhys' Herz hatte schon Mühe, im normalen Rhythmus zu schlagen, und pumpte nur die Hälfte der normalen Blutmenge. Selbst geringfügige Aktivitäten wie der Gang zur Toilette führten dazu, dass die Muskeln nicht mehr ausreichend mit Sauerstoff versorgt wurden.

Das Herz fasziniert die Medizin seit Langem – seit es der englische Arzt und Anatom William Harvey 1649 als Antriebspumpe für den geschlossenen Blutkreislauf beschrieb. Diese Pumpe ist ein weiches, reaktionsfähiges und zugleich robustes und ausdauerndes Organ. Aber wie alle Pumpen kann es eben auch versagen. Doch die Medizin hat verschiedene Möglichkeiten zu seiner Reparatur ersonnen.

Die auch bei Rhys' Bypass-Operation zum Einsatz kommenden Methoden zur Reparatur von Blutgefäßen wurden von dem libanesisch-amerikanischen Chirurgen Dr. Michael DeBakey entwickelt, dem Vater der Herzchirurgie. Er führte eine der weltweit ersten Bypass-Operationen durch und etablierte OP-Techniken, die in meinem Krankenhaus noch heute Leben retten. Er war es auch, der erste Tests mit einem Kunstherz machte – ein Gerät, das derzeit, wie im Fall von Rhys, zu einer sinnvollen Alternative zur Herztransplantation avanciert. DeBakey war auch mit neunundneunzig Jahren noch tätig, nachdem er mit siebenundneunzig selbst eine Aortendissektion erlitten hatte und durch eine siebenstündige, von ihm entwickelte Operation gerettet worden war. Er starb zwei Monate vor seinem hundertsten Geburtstag.

Bei manchen Patienten reicht es nicht aus, die das Herz versorgenden Blutgefäße zu ersetzen. Einmal abgestorbenes Herzmuskelgewebe regeneriert sich nicht mehr. Herztransplantationen bieten zwar eine Lebensperspektive, sind jedoch mit zahlreichen Herausforderungen verbunden. Es kann schwierig sein, rechtzeitig einen geeigneten Spender zu finden, und das Leben mit einem Transplantat erfordert die Einnahme starker Immunsuppressiva, die eine Abstoßung verhindern, aber schwere Infektionen und sogar Krebs verursachen können.

Dreihundert Jahre, nachdem Harvey das Wunder des Herzens beschrieb, haben die Fortschritte in der Medizintechnik mechanische Kreislaufunterstützungssysteme hervorgebracht, die das geschwächte Herz entlasten und zudem klein genug sind, um unter die Haut implantiert zu werden. Die Entwicklung solcher Systeme hat sich als bahnbrechend erwiesen. Die erste Herz-Bypass-Operation am Menschen im Jahr 1951 scheiterte, 1953 aber rettete eine Herz-Lungen-Maschine das Leben einer 18-jährigen Patientin, der im Thomas Jefferson University Hospital in Philadelphia ein Loch in der Herzscheidewand verschlossen wurde. Heute sind künstliche Unterstützungssysteme auch bei Patienten mit minimaler Herzfunktion eine lebensrettende Option. Einmal kam ein solches Gerät sogar im Pariser Louvre zum Einsatz: Die Mona Lisa sah seelenruhig zu, wie ein französisches Ärzteteam den Patienten mitten im Museum an eine Herz-Lungen-Maschine anschloss.

Erstaunlicherweise ist es heute möglich, ganz ohne Herz zu leben. Jakub Halik, ein Feuerwehrmann aus Tschechien, war der erste Mensch, der sechs Monate lang mit zwei mechanischen Pumpen anstelle eines Herzens lebte und sogar »pulslos« ins Fitnessstudio ging. Eben vor dieser Wahl stand Rhys. Ein für ihn infrage kommendes Transplantat konnte nicht rechtzeitig gefunden werden, und so lauteten die einzigen Optionen: Mit einer mechanischen Pumpe leben oder gar nicht leben.

In Großbritannien ist der Mangel an Herzen und anderen für Transplantationen zur Verfügung stehenden Organen ein kritisches Problem, das viele Patienten in eine verzweifelte Lage bringt. Mit mehr als 300 Menschen, die auf eine Herztransplantation warten, übersteigt die Nachfrage das Angebot bei Weitem. Obwohl 2020 in ganz Großbritannien die Widerspruchslösung für Organspenden eingeführt wurde, klafft hier weiterhin eine Lücke, die insbesondere Patienten mit dringendem Bedarf in Not bringt. Die Wartezeit auf ein Transplantat kann quälend lang sein, und viele Patienten, die auf eine mechanische Herzunterstützung angewiesen sind, können ihre Lebensqualität nur mit Mühe aufrechterhalten. Noch schwieriger ist die Lage für Angehörige ethnischer Minderheiten, unter denen die Spendebereitschaft besonders niedrig ausfällt, obgleich hier ein höherer Bedarf besteht. Es sind verschiedene Faktoren, die in diese Problematik hineinspielen. Die genetische Variation zwischen den Menschen bringt mit sich, dass es für im Spenderpool unterrepräsentierte Minderheiten schwieriger ist, einen bestimmten Gewebetyp und kompatible Organe zu finden. Zudem mindern womöglich ein historisches Misstrauen gegenüber dem Gesundheitssystem und bestimmte kulturelle Überzeugungen die Bereitschaft zur Organspende. Sozioökonomische Herausforderungen, wie beispielsweise ein eingeschränkter Zugang zur Gesundheitsversorgung, tragen ebenfalls zu einer niedrigeren Spenderrate bei.

Aus diesem Grund wurde 2022 das Projekt »Tribute to Life« bei den Commonwealth Games in Birmingham vom Blood and Transplant Service des NHS ins Leben gerufen, für das ich mich als Botschafter engagiere. Ziel ist die länderübergreifende Stärkung ethischer Praktiken in der Organspende und Transplantation. Die internationale Zusammenarbeit und ein breiter Erfahrungsaustausch sollen die Spenderraten verbessern und damit Leben retten. Die Planungssitzung fand im House of Lords statt, und ich saß dort neben einem der Herzchirurgen, die Rhys das künstliche Herz implantiert hatten.

Die Situation ließe sich drehen, und vielleicht hilft ein Perspektivwechsel: Stellen wir uns vor, einer unserer nächsten Angehörigen – der Sohn, die Tochter, Mutter oder Vater – wäre todkrank und könnte durch ein Organ, das eben nicht verbrannt oder beerdigt wird, die Chance auf ein neues Leben erhalten. Eine Organspende ist nicht nur das größte Geschenk, das man machen kann, es ist auch ein Geschenk, das seinen Wert erst durch die Weitergabe erhält. Der selbstlose, allein dem Empfänger nutzende Akt der Organspende wird durch die Intensivmedizin begleitet. Wir kümmern uns um den physischen Körper eines Patienten, nachdem seine Seele ihn mit dem unumkehrbaren Ausfall der gesamten Hirnfunktionen verlassen hat. Wir erhalten die Organe und sorgen dafür, dass die Spende den möglicherweise Hunderte von Kilometern entfernten Empfängern den größtmöglichen Nutzen bringt. Die Empfänger kennen den Spender nicht und sie können ihm nicht danken, doch die ihnen geschenkte zweite Chance mag uns alle daran erinnern, was Menschheit und Medizin erreicht haben.

Ich hoffe, dass die im achten Kapitel dieses Buchs vorgestellten Wiederbelebungstechniken Leben retten können. Genauso hoffe ich, dass das aktuelle Kapitel noch mehr Leben retten wird, indem es dazu anregt, über die eigene Bereitschaft zur Organspende nachzudenken. Etwas, das man selbst nicht mehr benötigt, könnte das Leben eines anderen Menschen verwandeln. Unabhängig davon, zu welchen Entschluss man kommt, sollte man seine Wünsche festhalten oder seiner Familie mitteilen. Der Tod muss die Freude am Leben nicht ausklammern, er kann gar Hoffnung schenken.

Das Ärzteteam erklärte Rhys, man könne seinem geschwächten Herz ein mechanisches, mit einem über der Schulter getragenen Akku verbundenes Gerät einsetzen, das den Herzschlag unterstützt. So würde die Gesundheit seiner Organe verbessert, doch zugleich würde Rhys keinen Puls mehr haben, da die Pumpe den Blutfluss zu einem kontinuierlichen Strom glätten würde. Da ihm nur noch wenige Monate zu leben blieben, hatte er im Grunde keine Wahl. Sechs traumatische Wochen verbrachte er wartend auf der Kardiologie und bekam mit, wie Patienten vor oder nach ähnlichen Eingriffen verstarben. Er sah die Wellen von Leben und Tod, die Junge wie Alte trafen. Zuerst ertönte ein Notfallalarm im Bett neben ihm. Darauf eilten Pfleger und Ärzte herbei und versuchten es mit verschiedenen Maßnahmen.

Manchmal waren sie erfolgreich, oft aber auch nicht. In letzterem Fall starb der Patient. Vorhänge wurden zugezogen, Angehörige weinten, der Leichnam wurde weggebracht, das Bett wurde gereinigt, die Vorhänge wurden wieder geöffnet, und schon war Platz für neue Patienten. Rhys blieb nur, darauf zu warten, dass er aufs Förderband des Lebens käme.

Und dann war der Tag seiner Operation da. Rhys küsste seine Familie zum Abschied, sagte, dass er sie liebte, und wurde in den Operationssaal gebracht. Dieses Mal verlief die Operation nicht nach Plan. Aufgrund des Narbengewebes, das sich nach dem vorangegangenen Eingriff gebildet hatte, brauchten drei Herzchirurgen über vier Stunden, um überhaupt an Rhys' Herz heranzukommen. Nach fast zwölf Stunden an der Bypass-Maschine überbrachte ein Mitglied des OP-Teams der Familie die Nachricht, man könne das Unterstützungssystem nicht in sein Herz einsetzen. Sie würden Rhys aufwecken und in die Sterbebegleitung überführen. Doch mitten in diesem Gespräch klopfte es an die Tür des Angehörigenzimmers: Es gab einen Durchbruch. Es war doch noch gelungen, den dünn und labil gewordenen Herzmuskel zu teilen und das Gerät in Position zu bringen.

Nach zwei Wochen auf der Intensivstation musste Rhys tracheotomiert werden und konnte daher nicht sprechen, als er endlich die Augen öffnete. Man gab ihm eine Tafel, auf die er schrieb. Sie hängt noch heute bei ihm zu Hause an der Wand und erinnert ihn daran, was auf dem Spiel stand und was wirklich wichtig ist. In dicken, krakeligen Buchstaben stehen dort die Worte: »Ich liebe euch«.

Wir vergessen, dass Maschinen, Medikamente und Methoden zwar Teile des Menschen, aber niemals den ganzen Menschen heilen können. Ich kann ein Leben retten, aber kein Leben heilen. In den Wochen nach der Operation geriet Rhys in eine Abwärtsspirale. Ihm waren sein Lebenssinn, sein Job, seine Sicherheit und Identität genommen worden. Er lebte von Sozialhilfe, und die sechs Wochen, in denen er auf der Kardiologie die Lotterie von Leben und Tod beobachtet hatte, holten ihn in den frühen Morgenstunden ein und drängten sich in seine Gedanken. Er konnte nicht schlafen, er konnte nicht klar denken, und fand dafür nur eine effektive Behandlung: Alkohol.

Rhys betrank sich bis zur Bewusstlosigkeit. Alles, was ihm lieb war, wurde zum Kollateralschaden, seine Beziehungen zerbrachen. Am Ende wurde er von der Transplantationsliste gestrichen. Er zeigte ein derart selbstzerstörerisches Verhalten, dass er zuweilen, aufgeschreckt vom Piepen seines neuen mechanischen Herzens, in Polizeizellen aufwachte. Die Batterien hielten nur acht Stunden, und Rhys hatte nach dem Ertönen des Alarms nur fünfzehn Minuten Zeit, um das Gerät zu wechseln oder aufzuladen. Sollte der Akku leerlaufen, würde Rhys sterben.

»Ich war wütend und verbittert. Ich fühlte mich als Opfer, mir war alles egal. Ich hatte nicht einmal mehr Kraft für meine Gefühle. Ich war so tief gesunken, dass ich keinen Ausweg mehr sah. Ich hatte schon so viel falsch gemacht, wie sollte ich da je etwas richtig machen?«

Der absolute Tiefpunkt war 2019 erreicht, als Rhys betrunken Auto gefahren und einen Unfall verursacht hatte, woraufhin ihn seine Familie in eine Entzugsklinik in Südafrika brachte. Wir alle kennen das Gefühl, in einem Auto zu sitzen, das an einer grünen Ampel steht. Man braucht jemanden, der uns von hinten anhupt. Für Rhys war das die letzte Chance, sein zerrüttetes Leben halbwegs auf Kurs zu bringen. Doch können sich Menschen wirklich ändern? Und müssen wir die begangenen Fehler als Gepäck mit uns herumtragen, wie eine Strafe? Die Frage, die Rhys sich während seiner einmonatigen Entziehungskur am häufigsten stellen sollte, lautete: »Wer bin ich?«

Ich habe mit vielen Menschen gesprochen, die schlechte »Entscheidungen« in ihrem Leben getroffen haben. Denn nicht selten enden solche Entscheidungen auf der Intensivstation. Doch je mehr Geschichten dieser Art ich höre, desto stärker stelle ich die Rolle des freien Willens infrage. So sind etwa meine Eltern wirklich stolz auf meine Leistungen – aber sind diese wirklich nur mein Verdienst? Ich habe mich nicht »entschieden«, in eine liebevolle Familie hineingeboren zu werden, in einen Haushalt voller Bücher, in ein Land mit kostenloser Bildung oder in ein Jahrhundert, in dem die Kindersterblichkeit auf einen historischen Tiefstand gesunken ist. Den Neurotransmitter-Mix in meinem Gehirn, der mich Wissenschaft begreifen, Sucht vermeiden und Gewalt aus dem Weg gehen lässt, habe ich mir nicht selbst zusammengestellt. Und sämtliche Entscheidungen, die ich treffe, erscheinen doch im überwältigenden Lärm und Chaos der Welt gänzlich unbedeutend, sie haben keine Auswirkung auf das große Ganze. Inzwischen zeigen sogar MRT-Studien, dass unser Unterbewusstsein Entscheidungen anbahnt, bevor wir sie bewusst treffen. Falls es in dieser Frage je Unklarheit gegeben haben mag, dann bestätigen diese Erkenntnisse, warum medizinische Versorgung sich niemals nach dem wahrgenommenen »Wert« einer Person richten darf. Sollte eine Person, deren Leben eine Kette guter Entscheidungen war, an ihrer schlechtesten Entscheidung gemessen werden? Was macht unsere Identität eigentlich aus?

Der in Oxford forschende Philosoph Derek Parfit hat mehr als 25 Jahre damit verbracht, eine Antwort auf diese Frage zu finden. Die Erklärung, zu der er gelangte, könnte Rhys und Millionen anderen helfen, sich aus den Schatten ihrer Vergangenheit zu befreien.

Parfit argumentiert, dass nicht die personale Identität entscheidend ist, wenn wir darüber nachdenken, wer wir sind, sondern vielmehr psychologische Kontinuität und Verbindung eine wesentliche Rolle spielen. Unser Selbst ist kein statisches Gebilde, sondern eine Kette miteinander verbundener Erfahrungen, die im Laufe der Zeit Veränderungen und Verzerrungen unterliegen. Wir sind nicht unser ganzes Leben lang dieselbe Person, sondern entwickeln eine Reihe von Ichs. Und obwohl dieses intellektuelle Konzept für einen hartgesottenen, alkoholkranken Rugby-Spieler wie Rhys wenig relevant erscheint, kann es lebensrettend sein. Denn man kann seine Vergangenheit loslassen. Man kann jemand anderes sein. Man ist jemand anderes. Jeden Tag. Man kann sich selbst vergeben und neu beginnen. Unser vergangenes Ich muss nicht über unsere Zukunft bestimmen.

Aber ist Identität denn nicht wichtig? Gut, ich bin heute ganz anders als mein 18-jähriges, pickeliges, dünneres Ich, aber ich fühle mich immer noch verantwortlich für die damaligen Dummheiten, da ich doch immer noch derselbe Mensch bin. Außerdem mache ich mir Gedanken darüber, was mit mir wohl sein wird, wenn ich sechzig bin, denn auch dieser Sechzigjährige werde ja ich sein. Parfit stimmt mir hier zu, wenn er sagt, dass man sein vergangenes und zukünftiges Ich im Blick haben sollte – jedoch nicht in der Annahme, dass es hier um ein und dieselbe Person ginge. Ich werde immer denselben Namen haben, und auch dasselbe Muttermal am Knöchel, und ich stecke seit meiner Geburt in derselben Fleischhülle und habe meistenteils dieselben Vorlieben und Abneigungen.

Doch für Parfit haben diese physischen Eigenschaften keine besondere Relevanz. Seine Ideen erinnern an ein philosophisches Denkspiel der Antike: »Das Schiff des Theseus«. Wenn man nach und nach sämtliche Teile eines Schiffs erneuert, alle Planken und

Spanten ersetzt, bis eines Tages keine der ursprünglichen Komponenten mehr vorhanden ist – ist es dann noch dasselbe Schiff? Was ist mit unserem Körper, der doch seine Zellen ständig erneuert? Sind wir trotzdem noch dieselbe Person? Anhand dieser Analogie veranschaulicht Parfit seine Ansicht, dass Identität nicht an bestimmte Komponenten gebunden ist, sondern sich vielmehr an ihrer Kontinuität und Verbindung über die Zeit festmacht. Und so gelangt Parfit auch zu der Aufforderung, unsere Handlungen im Hinblick auf »zukünftige Personen«, nämlich die nachfolgenden Generationen, zu bewerten.

Kliniken sind für etwa 5 Prozent aller CO_2-Emissionen verantwortlich. Wäre sie ein Land, wäre die Medizin der fünftgrößte CO_2-Verursacher – und das, obwohl sie die Auswirkungen des Klimawandels direkt betreffen. Die Klimakrise könnte bald mehr Todesfälle verursachen als Rauchen, Aids, Diabetes und Verkehrsunfälle zusammen. Mit den klimatischen Bedingungen zusammenhängende Erkrankungen und Verletzungen betreffen vor allem einkommensschwache Bevölkerungsgruppen – ein weiteres Beispiel dafür, dass die ärmsten und schutzbedürftigsten Menschen die größte Krankheitslast tragen.

Mit dreimal so hohen Emissionen wie die normalen Stationen ist die Intensivstation der CO_2-Hotspot einer Klinik. Ein Patient mit Herzstillstand benötigt täglich so viel Strom wie ein Vier-Personen-Haushalt und verursacht dabei über 180 kg CO_2, was dem Verbrennen von 80 Litern Benzin entspricht. Die Apparate, die zur Versorgung eines kritisch kranken Patienten eingesetzt werden, benötigen dreimal so viel Energie pro Tag wie ein durchschnittlicher Haushalt. Um den CO_2-Fußabdruck unserer Station zu kompensieren, müsste man über 70 000 Bäume pflanzen, und dann noch 80 Jahre warten, bis sie ihre maximale CO_2-Aufnahme erreichen – getreu dem griechischen Sprichwort: »Eine Gesellschaft gedeiht, wenn Alte Bäume pflanzen, in deren Schatten sie nie sitzen werden.«

Alarmismus ist verständlich, aber wie sieht es mit Lösungen aus? Ich verbringe viel Zeit auf medizinischen Kongressen im Ausland, und auf dem Rückflug befällt mich immer wieder der unangenehme Gedanke, dass mein Vortrag durch Kerosin ermöglicht wurde und die während der Konferenz bereitgestellten Kalorien hauptsächlich aus Fleisch stammten.

Wie wäre es, wenn sich die Organisatoren solcher Veranstaltungen dazu verpflichten würden, ein fleischloses Mittagessen anzubieten? Es dürfte die Stimmung kaum trüben, könnte aber die düsteren Aussichten fürs Klima ein wenig aufhellen. Schließlich stammt ein Viertel der weltweiten Emissionen aus der Nahrungsmittelproduktion, und hiervon die Hälfte aus der Tierhaltung, hauptsächlich von Rindern und Schafen. Dabei geht es nicht nur um den Ausstoß von Methan, sondern auch um die Abholzung von Wäldern zur Schaffung immer größerer Weideflächen. Der Weltklimarat hat daher die dringliche Empfehlung ausgesprochen, auf eine pflanzliche Ernährung umzusteigen.

Wenn Flugreisen unvermeidbar sind, um Austausch und Begegnung zu ermöglichen, könnte man doch in die Reisekostenrichtlinie aufnehmen, dass ein Teil der Honorare oder Reisekosten der Konferenzteilnehmer zur CO_2-Kompensation verwendet wird. Außerdem könnten die Organisatoren die Reisekosten nur bei Nutzung möglichst effizienter Fluggesellschaften übernehmen oder für Kurzstrecken die Bahn als Alternative empfehlen. Mit den Möglichkeiten von Online-Streaming und virtuellen Kontakten erscheint es manchmal seltsam, wenn jemand um die halbe Welt reist, um einen Vortrag zu hören und dann in den hinteren Sitzreihen seine E-Mails checkt.

Die Veranstaltungsorte sollten nicht nur danach ausgewählt werden, ob sie für die Teilnehmer möglichst angenehm sind, sondern ob sie unser Leben und das Leben künftiger Generationen verbessern, indem sie etwa erneuerbare Energien unterstützen.

Auch die Intensivstationen gehen das Problem inzwischen an. In Australien wurden allein durch die Reduzierung unnötiger Blutuntersuchungen nicht nur 4400 Liter Blut, sondern 33 Millionen Dollar und Arbeitsaufwand im Umfang von vierzig Vollzeitstellen eingespart, ganz zu schweigen von den Vorteilen für die Umwelt. Auf meiner Station schalten wir inzwischen nachts die Computer aus, wir nutzen LED-Lampen und laden kaum benötigte elektrische Geräte nicht mehr voll auf. Früher gaben wir jährlich über 100 000 Pfund für diese schrecklichen, nicht sterilen Einmalhandschuhe aus, von denen täglich 100 Paar pro Patient verbraucht wurden – insgesamt 4000 Paar pro Tag. Heute haben wir den Verbrauch um 20 Prozent gesenkt, sind zur menschlichen Berührung und zum gründlichen Händewaschen zurückgekehrt und können damit jährlich gut 20 000 Pfund und Plastikabfälle in Form von 1,5 Millionen Handschuhpaaren einsparen.

So wie die Teile vom Schiff des Theseus ausgewechselt wurden, so hat Nelson Mandela mit zunehmendem Alter, auf dem Weg vom Gefangenen zum Präsidenten, die Zellen seines Körpers ausgetauscht, seine Ansichten verändert, sein Wissen erweitert und neue Beziehungen geknüpft. Als er dort im Stadion den

Rugby-Pokal hochhielt, vor den Augen des 13-jährige Rhys, der gebannt in den Fernseher starrte, war er der lebende Beweis, dass tiefgreifende Veränderungen möglich sind. »Beurteilt mich nicht nach meinen Erfolgen, sondern danach, wie oft ich hingefallen bin und wieder aufgestanden bin«, sagte Mandela später.

Auch hier gilt: Es zählt nicht vorrangig die personale Identität, sondern psychologische Kontinuität und Verbundenheit. Mit dem Älterwerden haben wir immer weniger psychologische Verbindungen zu unserem kindlichen Ich. Auch unser in ferner Zukunft liegendes Ich wird weniger mit unserem gegenwärtigen Ich verbunden sein. Womöglich habe ich sogar mit anderen Menschen, mit meiner Frau und meinen Kindern, mehr gemeinsam als mit dem 18-jährigen Matt Morgan.

Das ist eine wichtige Erkenntnis. Sie gibt uns die Erlaubnis und ein logisches Argument zum Weitermachen. Gut, wir schleppen diese Fleischhülle und die Narben unserer vergangenen Fehler weiter mit uns, aber wir haben doch viel mehr mit der heutigen als mit der längst vergangenen Variante unseres Ichs gemein. Oder wie der irische Schriftsteller C. S. Lewis sagte: »Man kann nicht zurückgehen und den Anfang ändern, aber man kann dort beginnen, wo man gerade ist, und das Ende ändern.«

Rhys ist zwar kein Oxforder Philosoph, aber er ist der lebende Beweis für Parfits Schlussfolgerung. Die Entziehungskur verlieh ihm die Werkzeuge, die Zeit und die Menschlichkeit für seine Heilung. Als wir uns an einem sonnigen walisischen Morgen in einem Café in seiner Heimatstadt Caerleon trafen, trank nur ich etwas. Während ich an einem starken Kaffee nippte, noch angeschlagen von der Abschiedsfeier eines Kollegen, saß mir ein kerngesund aussehender Rhys gegenüber. Sein Gewicht war optimal wie nie, außerdem war er seit fünf Jahren trocken. Er trank nicht einmal Kaffee. Als ich ihm die Hand schüttelte, konnte ich nicht widerstehen, bei ihm nach einem Puls zu tasten, doch ich konnte nichts fühlen. An seinem Handgelenk sah man die Narben von den Eingriffen. Es war eine seltsame Erfahrung, mit einem Menschen zusammen zu sein, der redete und lachte, und doch keinen Herzschlag hatte. Aber um seine Schulter lag der verräterische schwarze Gurt mit dem lebensrettenden Gerät, das dies möglich machte.

Rhys stand inzwischen wieder auf der Transplantationsliste, befand sich aber in einer schwierigen Lage, denn er war zu gesund, um zu den superdringenden Fällen zu gehören, aber zu krank, um ohne ein neues Organ noch lange zu leben. Bald nähert er sich dem Weltrekord, die längste Lebenszeit mit einem künstlichen Herzen liegt bei vierzehn Jahren.

»Ich trainiere immer noch jeden Tag, so hart wie sonst. Aber diesmal geht es um das Spiel meines Lebens. Ich muss in Bestform sein, um im Rennen zu bleiben und meine Transplantation zu bekommen. Ich möchte weiterleben.«

Er fühlt sich sichtbar wohl in seiner neuen Haut. Er hat die Vergangenheit nicht vergessen, er akzeptiert sie und blickt ohne Groll auf den wilden Rhys. Aber er schaut eben auch nach vorne und will sein Leben zum Guten wenden. Den oberen Rand seiner Website füllt ein Farbfoto von einem starken, selbstbewussten Mann mit Tattoo, der barfuß auf einem walisischen Berggipfel steht und in die Wolken blickt, während gerade die Sonne durchbricht.

Die Atemübungen, die Rhys im Krankenhaus durch seine Panikattacken halfen, haben ihn zu etwas Neuem geführt: Er bringt die Techniken nun Führungskräften aus Wirtschaft und Sport bei, damit auch sie ihre Dämonen bekämpfen können. Über sein Engagement bei *Sporting Chance*, einer vom ehemaligen englischen Fußballkapitän Tony Adams gegründeten Wohltätigkeitsorganisation, konnte Rhys seine Erfahrungen mit anderen Profisportlern teilen und sie bei emotionalen und gesundheitlichen Problemen unterstützen. Das weckte in Rhys den Wunsch, eine eigene Organisation zu gründen: *Tidy Butt* will der Stigmatisierung psychischer Erkrankungen in Schulen, Unternehmen und Profisportteams begegnen.

Rhys und ich sprachen über mehrere Stunden, und zum Schluss stellte ich ihm die Frage: »Wenn du jetzt einen Knopf drücken könntest, der rückgängig machen würde, dass du krank geworden bist, würdest du ihn drücken?«

»Auf keinen Fall«, antwortete Rhys wie aus der Pistole. »Ich vermisse Rugby wirklich sehr und würde gerne wieder spielen. Vielleicht kann ich das ja nach meiner Transplantation sogar«, fügte er lächelnd hinzu. »Aber mit der Nüchternheit habe ich eine neue Klarheit gefunden. Ich habe herausgefunden, wer ich wirklich bin. Wer ich sein kann. Der beste Rekord, den ich gebrochen habe, ist kein sportlicher. Ich habe die über Generationen weitergegebene Sucht in meiner Familie durchbrochen. Ich habe mir und meiner Familie einen anderen Raum zwischen dem Jetzt und der Zukunft geschaffen.«

Wir alle brauchen diesen Raum, diesen klaren Kopf. In Victor E. Frankls großartigem Buch *... trotzdem Ja zum Leben sagen*, das meinen Freund Jack dazu inspirierte, Bäume zu pflanzen, steht der Satz: »Zwischen Reiz und Reaktion liegt ein Raum. In diesem Raum liegt unsere Macht, unsere Reaktion zu wählen. In unserer Reaktion liegen unsere Entwicklung und unsere Freiheit.«

Und weiter heißt es: »Wenn wir eine Situation nicht mehr ändern können, sind wir gefordert, uns selbst zu ändern.«

Rhys ist heute ein starker, fitter, glücklicher und selbstbewusster Macher. Er gehört zu den Absolventen seines südafrikanischen Internats, die am meisten Erfolg im Leben haben. Und das nicht wegen der Anzahl seiner Länderspiele, seines Bankkontos oder seiner Vorstrafen. Sein Erfolg liegt in dem, was er bewältigt hat. Dieser Erfolg ist wie ein gewonnener Boxkampf. Alle gratulieren dem Sieger, aber sie vergessen, wie oft ihm ins Gesicht geschlagen wurde.

STEIFGEFROREN

Roberto, neunundzwanzig
Todesursache: Eis
Lebensursache: alte Fotos

Niemand ist tot, solange er nicht warm und tot ist.«

Mit diesen Worten begann eine eindrucksvolle Vorlesung des Pathologen Dr. Stephen Leadbeatter, die ich während meines Medizinstudiums hörte. Jahrzehnte später, ich war ins schweizerische Zermatt mit seinen schaurig-schönen Bergen gereist, sprach ich mit einem Bergrettungsteam, das seine Aussage bestätigte. Denn es hatte Roberto nach dem weltweit längsten Herzstillstand zurück ins Leben geholt.

Ich wanderte zwanzig Minuten über eine Skipiste, auf der neonfarbene Gestalten an mir vorbeirauschten, bis ich unseren Treffpunkt erreichte: Das »Iglu-Dorf«, ein Eishotel am Fuß des Matterhorns im schweizerischen Wallis. Dort hörte ich zum ersten Mal die Geschichte eines Verunglückten, dessen Herz fast neun Stunden stillgestanden hatte. Während ich dem Bericht des Bergrettungsteams lauschte, schlürfte ich zum Aufwärmen an einem »Iglu-Kaffee« und freute mich über den Schuss Baileys, der dem Getränk einen zusätzlichen Kick verlieh. Aber nach wenigen Schlucken bekam ich starke Kopfschmerzen, die so plötzlich einsetzten, dass sie kaum auf den Alkohol zurückzuführen waren. Es waren die 3135 Höhenmeter, immerhin 60 Prozent der Höhe des Everest-Basislagers, die sich auf meinen Körper niederschlugen. Trotz der majestätischen Kulisse sind die kalten Naturregionen, in die Skifahrer und Abenteuersuchende strömen, eben nicht nur beeindruckend schön, sondern auch erschreckend gefährlich. Bei Unfallopfern wie Roberto, der nach dem Erfrieren einen Herzstillstand erlitt, kann die extreme Kälte jedoch auch Hoffnung bergen.

Roberto wuchs in der geschäftigen Metropole Mailand auf und blieb nach dem Studium dort, und zwar nicht wegen der schicken Mode oder des köstlichen Essens, sondern wegen der Nähe zu den Bergen. Es dauerte nur zwei Stunden, dann hatte Roberto seinen Job als Chemiker hinter sich gelassen und fand sich in den italienischen Alpen oder auf den Gipfeln der Lombardei wieder. Seine Begeisterung für die Berge hatte er von seinen Eltern geerbt, die mit der Familie lieber lange Wanderungen unternahmen statt faul am Strand zu liegen. Seine Mutter arbeitete als Kardiologin und stand mit beiden Beinen fest im Leben, Roberto aber hatte Spaß daran, sich in die Lüfte zu begeben. Er vollführte wilde Skisprünge, er flog mit dem Gleitschirm oder machte gar beides gleichzeitig. Seine wahre Liebe aber fand er im Alter von zwanzig Jahren, als er zum ersten Mal kletterte.

»Klettern ist die reine Freude. Die Probleme des Alltags verschwinden einfach. Sogar die Zeit scheint stillzustehen«, erzählte er mir.

Roberto und sein Freund Alessandro planten schon lange die Besteigung der Marmolata, der »Königin der Dolomiten«: Das

Bergmassiv mit dem höchsten Gipfel der Region ist berühmt für seine markanten Felswände. Die beiden wanderten die ganze Nacht, schlugen in der Wildnis ein Camp auf und machten sich tags drauf an die Bezwingung einer schwierigen, technisch anspruchsvollen, senkrechten Wand. Roberto hatte vor, von oben aus mit dem Gleitschirm zu starten, aber als er das viele blaue Eis über den Felsvorsprüngen hängen sah, überlegte er es sich anders. Die erste Etappe brachten die beiden bei perfekten Wetterbedingungen hinter sich. Doch als Roberto den ersten Felsvorsprung an der Südwand erreichte, zog plötzlich ein Unwetter auf. Alessandro suchte eine Seillänge tiefer hinter einem Felsen Schutz, Roberto nahm währenddessen ein Video auf, in dem er sagte: »Wir klettern hier in den Dolomiten, und es gibt keinen Regen und keinen Schnee, sondern doppeltes Pech: Hagel!«

Alessandro hatte nicht mitbekommen, dass sein Freund auf dem Felsvorsprung gefangen war. Dort oben war er den Elementen schutzlos ausgeliefert, Eiswasser und Hagel prasselten auf ihn ein, der Sturm tobte und peitschte über Stunden gegen die Wand. Erst mit Anbruch der Nacht besserte sich die Wetterlage. Alessandro kletterte hoch zu seinem Freund, der bewusstlos auf dem schroffen Felsen lag, die Hände noch immer um das Seil geklammert. Schon näherte sich das Surren des Rettungshubschraubers, als Alessandro seinen Freund erreichte: Roberto war steifgefroren.

Wenn sie zu einer Rettung an der Marmolata gerufen werden, wissen die Rettungsdienste, dass es eine schlimme und gefährliche Mission wird. Schon die Besteigung des Berges ist schwierig, eine Bergung aus seinen Felswänden aber ist noch viel schwieriger. Der gelbe Hubschrauber startete von einem verschlafenen Dorf und stieg auf 2800 Meter auf, bis zu dem Felsvorsprung, auf dem die beiden Freunde festsaßen. Kurz nachdem die Bergretter zu Roberto gelangt waren, hörte sein Herz auf zu schlagen – seine Körpertemperatur betrug nur noch 26 °C.

Das ist noch nicht die niedrigste Temperatur, die ein Mensch überlebt hat. Diesen Rekord hält nach wie vor Anna Bågenholm, eine schwedische Radiologin. Bei einem Skiunfall in Norwegen stürzte sie in einen überfrorenen Bach und war über eine Stunde unter dem Eis gefangen. Ihr Herz stand gut drei Stunden still, ihre Körpertemperatur lag bei 13,7 °C. Anna war stärker unterkühlt, doch stand Robertos Herz viel länger still.

»Wenn mir jemand von einem neun Stunden dauernden Herzstillstand erzählt hätte«, sagte Dr. Alessandro Forti, der Roberto das Leben rettete, »hätte ich das nie für möglich gehalten.«

Auch Robertos Mutter, die gut vierzig Jahre auf der Intensivstation gearbeitet hatte, konnte es nicht glauben. Sie hatte Roberto oft erzählt, wie sie einmal während der Fahrt im Rettungswagen einen Patienten eine Stunde lang reanimiert hatte – vergeblich. Natürlich hatte sie jede Hoffnung verloren, ihren Sohn jemals lebend wiederzusehen, als sie noch aus dem Rettungshubschrauber erfuhr, dass Robertos Herz so lange stehen geblieben war. Aber er überlebte, und zwar durch das, was ihn umgebracht hatte: Kälte.

Es gibt sogar Stimmen, die behaupten, bei einer sehr berühmten Person mit zwei Leben habe es sich womöglich auch um Unterkühlung gehandelt: Bei Jesus nämlich. Ein 1991 im *Journal of the Royal College of Physicians of London* veröffentlichter Artikel mit dem Titel »Resurrection or Resuscitation?« stellt die Hypothese auf, dass eine durch die Kreuzigung hervorgerufene Unterkühlung den Tod nur vorgetäuscht habe. Die Auferstehung sei eigentlich eine Wiederbelebung durch die allmähliche Erwärmung in einer Höhle mit konstanter Temperatur gewesen. Na dann, es war also keine göttliche Intervention im Spiel, sondern günstige Isolierung. Niemand ist tot, solange er nicht warm und tot ist. Warum aber ist Kälte manchmal so hilfreich?

Stellen wir uns das Gehirn als eine belebte Stadt vor, mit lauter Bürogebäuden, dichten Straßennetzen, nicht abbrechendem Verkehr und unzähligen Menschen in Aktion. Jedes Neuron, jede Synapse und jedes Blutgefäß ist Teil eines ausgeklügelten, lebenserhaltenden Tanzes, der auch dann stattfindet, wenn wir schlafen. Und jetzt stellen wir uns vor, es kommt plötzlich zum Stromausfall: Die Folge ist sofortiges Chaos. Sämtliche Lichter und Ampeln gehen aus, die Züge halten an, lebenswichtige Funktionen versagen und die Infrastruktur, die eine Stadt am Leben hält, kommt mit einem Mal zum Stillstand. Eben das passiert bei einem Herzstillstand. Wenn das Herz aufhört zu schlagen, wird die nötige Blut- und damit Sauerstoffversorgung des Gehirns unterbrochen.

Was wäre aber, wenn wir eben in diesem kritischen Moment die Zeit verlangsamen? Die Stadt also schon vor dem Stromausfall in den Schlaf versetzen. Die Straßen sperren, die Züge anhalten und die Büros leeren, bevor die Lichter ausgehen. Die drastische Senkung der Körpertemperatur bietet genau diese Möglichkeit – sie kann das Gehirn und lebenswichtige Organe schützen, indem der Stoffwechselbedarf des Körpers vor dem Ausfall der Blutversorgung heruntergefahren wird.

Unterkühlung oder »Hypothermie« setzen Chirurgen bewusst ein, bevor sie Hauptblutgefäße ersetzen, die das Gehirn versorgen. Auch bei komplexen Herz-Kreislauf-Operationen wie der Rekonstruktion des Aortenbogens wird der tiefe hypothermische Kreislaufstillstand angewandt. Die Patienten werden auf eine Temperatur zwischen 12 °C und 18 °C gekühlt, um den Sauerstoffbedarf des Gehirns und anderer lebenswichtiger Organe zu senken. Durch die deutliche Reduzierung der Körpertemperatur verlangsamt sich der Zellstoffwechsel und die Organe können länger ohne Blutfluss auskommen, während der Eingriff läuft.

Entscheidend ist aber, dass die Kühlung erfolgen muss, bevor es zu einem Schadensereignis kommt. In Robertos Fall kühlte sein Körper allmählich ab, und erst dann blieb sein Herz stehen. Die Stadt war schon schlafen gegangen, als die Lichter ausgingen. Auch wenn es ein verlockender Gedanke ist: Eine Unterkühlung hilft nicht unabhängig vom Zeitpunkt. Ich habe an klinischen Studien mitgewirkt, in denen die Vorteile der Hypothermie nach einem plötzlichen Herzstillstand, etwa durch Herzinfarkt, reproduziert werden sollten. Jahrelang glaubte man, dass diese therapeutische Maßnahme das Gehirn schützen und die Überlebensraten verbessern könnte. Eine internationale, von meinen Kollegen Jade Cole und Matt Wise koordinierte Studie hat jedoch gezeigt, dass die Hypothermie in diesem späteren Stadium nicht half. Zwischen Patienten, die nach einem Herzstillstand gekühlt wurden, und jenen, die nicht gekühlt wurden, fanden sich hinsichtlich der Überlebensrate und des neurologischen Ergebnisses keine signifikanten Unterschiede. Zu diesem Zeitpunkt war ein Großteil der Hirnschäden bereits aufgetreten. Die Reduzierung der Körpertemperatur nach dem Ereignis konnte die Schäden nicht rückgängig machen, obgleich die Vermeidung von hohem Fieber während der Genesung sich weiterhin als vorteilhaft erweisen könnte.

Als die Bergrettung Roberto mit 26 °C Körpertemperatur auffand, hatte sein Herz aufgrund der extremen Kälte aufgehört zu schlagen. An einem dreißig Meter langen Tau zog man ihn entlang der steilen Felswand nach oben in den Hubschrauber. Da ein langer Transport durch einen Schneesturm bevorstand, beschlossen die Sanitäter, Roberto während des Fluges eine mechanischen Reanimationshilfe, ein sogenanntes LUCAS oder »Lund University Cardiopulmonary Assist System« anzulegen. Das Gerät wurde von dem norwegischen Rettungssanitäter Willy Vistung erfunden, der erlebt hatte, mit welchen Schwierigkeiten eine Herz-Lungen-Wiederbelebung im fahrenden Krankenwagen verbunden ist. Das tragbare, batteriebetriebene LUCAS und andere ähnliche Geräte gewährleisten eine effektive Herz-Lungen-Wiederbelebung und entlasten das medizinische Personal, das sich unter entsprechend herausfordernden Bedingungen auf andere wichtige Aufgaben konzentrieren kann.

Nach einer Stunde landete der Hubschrauber in einem nahegelegenen Unfallkrankenhaus, ein ehemals von Mönchen betriebenes Hospital aus dem 15. Jahrhundert. Die Wetterbedingungen ließen keine längere Flugstrecke zu. Während Roberto weiterhin mit dem LUCAS wiederbelebt wurde, brachte man ihm im Rettungswagen in die etwa 80 Kilometer entfernte Klinik in Treviso. Roberto war jetzt knapp viereinhalb Stunden reanimiert worden. Die Ärzte schlossen ihn an eine Herz-Lungen-Maschine an, um die Durchblutung seiner Organe zu sichern. Aber Roberto hatte immer noch keinen Herzschlag, wie unser Rugby-Mann Rhys. Nun begann das Team, seinen Körper in kleinen Schritten aufzuwärmen, um nur 1 Grad pro Stunde, und am Ende, acht Stunden und zweiundvierzig Minuten nach seinem Stillstand, ließ sich sein Herz mit einem einzigen Elektroschock wieder zum Schlagen bringen. Es war die längste Wiederbelebung, die je durchgeführt wurde. Aber solche Rekorde sind bedeutungslos, wenn die Lebensqualität genommen ist. Es sollte Wochen dauern, bis sich diese Frage klärte.

In der Intensivpflege geht es im Grunde nicht ums Überleben. Es geht nicht einmal um Reanimation oder Herzschläge oder das binäre Ereignis »überlebt« oder »verstorben«. Das Leben ist keine Tabelle. Natürlich ist die Rettung eines Lebens der notwendige erste Schritt, doch beschäftigt mich tagtäglich, wie man einem Leben wieder einen Sinn geben kann.

Sollte die Medizin nicht vor allem den Tagen mehr Leben statt dem Leben mehr Tage geben? Wir retten keine Leben, wir möchten die Zukunft und Hoffnung wiederbeleben. Jeden Herzschlag, den wir retten, sehe ich als einen Schritt hin zu einem sinnstiftenden, erfüllten Leben außerhalb der Wände, in denen ich so viel Zeit verbringe. Der Zweck jeder Aufnahme auf die Intensivstation ist die Entlassung zurück in ein Leben, das gelebt werden will. Ich repariere keine Körper, sondern versuche, das Mosaik einer Zukunft zusammenzusetzen, ich will den Momenten, die einem Menschen das Dasein lebenswert machen, wieder Leben einhauchen. Die Intensivstation ist damit eine Brücke, die nicht nur die Kluft zwischen Leben und Tod überspannt, sondern auf einen Weg führt, der wieder Sinn und Freude spendet. Und diese Brücke ist kein physischer Ort oder Krankenhausflügel. Sie ist ein ganzes Dorf, in dem wir die Geschichte eines Menschen Kapitel für Kapitel wiederherstellen.

Wenn ich meine Tätigkeit aus diesem Blickwinkel betrachte, kann ich auch besser verstehen, warum so viele Patienten zu den Orten und Aktivitäten zurückkehren wollen, die sie überhaupt erst ins Krankenhaus gebracht haben. Motorradfahrer wollen wieder auf die Straße, Reiter in den Sattel, Boxer in den Ring. Und Kletterer zurück an die Wand.

Einundzwanzig Tage nach seinem Kältetod wurde Roberto von den lebenserhaltenden Geräten genommen. Sein Herz schlug von selbst, er atmete, öffnete die Augen und sprach. Ja, er hatte Schmerzen, wo das Reanimationsgerät über Stunden seine Brust niedergedrückt hatte, um ihn am Leben zu halten. Und ja, er hatte Verbände an den Händen, wo er Erfrierungen an Haut und Fingern hatte. Vor allem seine rechte Hand war beeinträchtigt, die Muskeln geschwächt und die Gelenke unbeweglich. Dennoch, es begann eine Reise zurück in sein Leben.

Die über Monate andauernde Rehabilitation war hart. Aber Roberto erweiterte seine tägliche Stunde im Fitnessraum des Krankenhauses auf drei, dann auf sechs und schließlich auf acht Stunden pro Tag. Er war hyperfokussiert auf sein Ziel: Endlich wieder klettern. Roberto erfuhr von Tommy Caldwell, einem vielversprechenden 23-jährigen Kletterer, der einen Unfall erlitt, nach dem die Fortsetzung seiner Karriere unmöglich erschien. Bei Renovierungsarbeiten an seinem Haus in den Rocky Mountains hatte Caldwell sich mit einer Tischsäge den Zeigefinger seiner linken Hand oberhalb des Knöchels abgeschnitten. In seinem Buch *The Push* beschreibt Caldwell ausführlich, wie es ihm durch Entschlossenheit und Durchhaltevermögen gelang, die Dawn Wall am El Capitan im Yosemite-Nationalpark erstmals im freien Stil, also ohne jegliches künstliche Hilfsmittel, zu überwinden. Nach dem Unfall hatte er das Klettern komplett neu gelernt und seine Technik an den Verlust seines Fingers angepasst.

Als Nächstes las Roberto von Jonathan Lessin, einem an Parkinson erkrankten Arzt. Dessen Bemühungen zur Abmilderung seiner Symptome mündeten in ein Programm, das seine Kletterhalle in eine Forschungseinrichtung verwandelte. Die Verbesserung von Lessins Symptomen durch das Klettern war so bemerkenswert, dass sein Physiotherapeut ein Infoblatt im Wartezimmer der Parkinson-Klinik auslegte. Es dauerte nicht lange, bis die Klettergruppe für Parkinson-Patienten auf über achtzig Teilnehmer angewachsen war und ähnliche Projekte auf der ganzen Welt anstieß.

Roberto machte Fortschritte, die Geschichten seiner neuen Helden motivierten ihn. Doch dann ging es scheinbar langsamer voran. Seine rechte Hand wollte nicht besser werden, und er hatte Mühe, die Zeit der Bewusstlosigkeit zu verarbeiten. Die Tage schleppten sich dahin. Wenn er wieder vorankommen wollte, musste Roberto zunächst zurückblicken.

Wie viele Fotos hat unsereins wohl auf dem Handy? Tausend? Fünftausend? Zehntausend? Die tatsächliche Zahl könnte überraschen. Bei mir sind es 18 500. Würde ich mir jedes nur ein paar Sekunden ansehen, bräuchte ich dafür über zehn Stunden. Und dann sind da noch die Videos, die Alben, die unter meinem Bett verstauben, die Stapel alter Abzüge, die noch in ihren Umschlägen stecken. Diese Bilderschwemme herrscht aber nicht nur bei mir.

Viereinhalb Billionen Fotos sind bisher auf Google Fotos gespeichert, und jede Woche kommen 28 Milliarden weitere hinzu. Social-Media-Nutzer teilen täglich 3,5 Milliarden Bilder. Wenn man sich bei einer beliebigen Veranstaltung umschaut, besteht die Hauptaktivität offenbar darin, schlechte, unscharfe Digitalkopien von realen Erlebnissen zu machen. Meine Frau und ich waren mal auf einem Gig von Kelly Jones, dem Sänger der Stereophonics. Es war ein fantastisches, intimes Konzert in einer kleinen Halle, aber was das Erlebnis radikal veränderte, war das, was fehlte: Handys. Als wir den Saal mit 350 Plätzen betraten, wurden unsere Handys für die Dauer der Vorstellung in undurchsichtigen Plastiktüten verwahrt. Was zunächst ein gewisses Unbehagen auslöste, brachte das Publikum an einen Ort, der immer schwerer zu erreichen ist: den Moment. Es war wirklich ein großartiges Erlebnis, und das nicht nur wegen des unglaublichen Orchesters und der beeindruckenden Darbietung, sondern auch, weil alle 350 Zuschauer ganz bei der Sache waren.

Mir ist klar, dass dies ein idealisierter Zustand ist, der den Nutzen von Mobiltelefonen außer Acht lässt. Ich will gar nicht so tun, als könnte ich mein Handy länger als ein paar Stunden beiseitelegen, ohne dass ich nervös würde. Wir haben einige Familienregeln, die uns beim Digital Detox helfen, und dazu gehören: Kein Handy im Schlafzimmer und keine Arbeits-E-Mails auf privaten Geräten. Doch bieten uns Handys eben auch eine einfache Möglichkeit, die vergessenen Geschichten zu ordnen, die als Pixelbilder in ihren Speichern schlummern: Wir können uns jederzeit alte Fotos anschauen und zurückblicken. Und am besten warten wir damit nicht, bis jemand gestorben ist und drucken die Bilder nicht nur für die Beerdigung aus, sondern als Ansporn fürs Leben.

Als Roberto während seiner Rehabilitation in dieses Tief geriet, bekam er Besuch von seinem Freund Alessandro. Seit er aus dem Koma erwacht war, hatte Roberto keine Erinnerung mehr an die Ereignisse, die zu seinem Herzstillstand geführt hatten. Dort, wo eine der prägendsten Erfahrungen seines Lebens hätte sein sollen, klaffte eine Leerstelle. Wenige von uns werden eine so dramatische Lücke kennen, doch ist es unweigerlich so, dass die Erinnerung an Ereignisse, mögen sie noch so wichtig für uns gewesen sein, mit der Zeit verblassen. Und wo eine Lücke ist, wird diese gern mit Erfindungen, Irrtümern oder Unwahrheiten gefüllt. Fehlende Erinnerungen sind wie ein Buch, in das man kein Lesezeichen gelegt hat: Man kann der Geschichte nicht folgen und weiß nicht mehr, wo man schon war und wie es weitergeht. Sie sind wie schwarze Löcher in der Galaxie des Gedächtnisses, sie krümmen unsere Lebensbahn und bringen uns von der richtigen Richtung ab.

Sein Vater befreite Roberto aus dieser Lage, indem er den Film abspielte, den Roberto während der Besteigung der Marmolata aufgenommen hatte. Nach nur wenigen Bildern geschah etwas Erstaunliches.

»Zack! In nur einer Sekunde war alles wieder da!«, erzählte mir Roberto mit freudigem Gesichtsausdruck. »Als wäre ein Licht angegangen. Ab da merkte ich, wie sich meine Genesung beschleunigte, einen richtigen Sprung machte. Ich wusste, dass ich wieder in die Berge gehen würde.«

Es kann inspirierend sein, alte Fotos anzuschauen anstatt Unmengen neuer zu machen. Wir können unrichtige Erinnerungen korrigieren und werden zu einem Vergleich von Gegenwart und Vergangenheit angeregt. Die britische Verhaltenspsychologin Jo Hemmings bestätigt: »Wenn wir uns Zeit nehmen und auf wertvolle Erinnerungen zurückblicken, kann sich dies tatsächlich vorteilhaft auf unser Befinden auswirken, denn es wird eine positive, zufriedene Stimmung hervorgerufen.«

Studien haben gezeigt, dass das Betrachten der Fotos auf unseren Smartphones nicht nur positive Emotionen wie Freude und Zuneigung auslöst, sondern auch unser Gedächtnis und sogar unsere Beziehungen stärken kann. Denn diese Fotos zeigen uns Menschen, Haustiere, Orte und Aktivitäten, die uns am Herzen liegen, und sie helfen uns, uns an die Vergangenheit zu erinnern. Dies reduziert nachweislich Stress und stärkt unsere seelische Verfassung. Beim Blick auf zurückliegende besondere Momente entsteht eine »emotionale Blase«, in der wir zu diesem Punkt im Leben zurückkehren und die damaligen Gefühle erneut erleben. Das gilt auch für alberne Situationen oder solche, in denen wir Fehler gemacht haben. Beim Lachen über peinliche Fotos werden Endorphine freigesetzt, die natürlichen Stresshemmer unseres Körpers. Betrachten wir Freunde und Familie in bedeutenden Momenten unseres und ihres Lebens, so führt dies zu einer Reduzierung der Hormone Cortisol und Adrenalin, die für Angstzustände verantwortlich sind.

So ist es kein Wunder, dass wir an prominenten Stellen in unserem Zuhause Fotos aufstellen. Sie wirken wie gute Medikamente und können mitten im Alltag unsere Wahrnehmung und Stimmung verändern. Unsere Kaminsimse, Fensterbänke, Regale und Sideboards, auf denen viele ihre liebsten Orte und Menschen in Bilderrahmen präsentieren, strahlen automatisch Wohlgefühl aus. Psychologische Untersuchungen haben gezeigt, dass zu Hause sichtbare Schnappschüsse positive Verstärker sind, die uns an die Kraft sozialer Bindungen erinnern – im Wesentlichen daran, was und wer für uns wichtig ist.

Damit ist es auch kein Wunder, dass schon wenige Bilder des aufgenommenen Videos Robertos Erinnerung auf die Sprünge halfen. Fotos können sogar bei körperlichen Schmerzen helfen. In einer Studie wurden den an ein fMRT-Gerät angeschlossenen Teilnehmern 26 Bilder mit angenehmen, freundlichen Motiven gezeigt, während sie Hitzereize am Unterarm spürten. Der Anblick besonders gefühlvoller Motive reduzierte die empfundenen Schmerzen erheblich. Durch Bilder geweckte Erinnerungen sprechen unser Bewusstsein auf mehreren Ebenen an. So ging es mir mit den Fotos meiner Tante Win bei ihrer Beerdigung. Als ich sie anschaute, konnte ich mich erinnern und mich zurückversetzen, wir konnten aneinander anknüpfen und einen Weg finden, Trauer und Verlust zu überwinden.

Die Allgegenwart und Fülle von Fotos auf digitalen Geräten haben jedoch dazu geführt, dass wir den Wert des Betrachtens vergessen haben und uns nur noch darauf konzentrieren, möglichst viele Aufnahmen zu sammeln. In den 1970er Jahren waren Fotoalben noch der wichtigste Gegenstand, der bei einem Hausbrand in Sicherheit gebracht wurde. Laut Umfragen würden sich heute zwei Drittel der Leute als Allererstes ihr Smartphone oder ihren Computer schnappen.

Und wenn wir nun genauso viel Zeit damit verbringen würden, alte Fotos und Videos anzuschauen, wie wir damit verbringen, diese aufzunehmen? Manche Gesichter aus der eigenen Vergangenheit könnten uns vielleicht sogar motivieren, wieder Kontakt zu Personen aufzunehmen, die wir vergessen oder aus den Augen verloren haben. Wie wäre es, sich mit alten Schulfreunden zum Essen zu verabreden? Warum rufen wir den Verwandten nicht an, mit dem wir uns aus unwichtigen, längst vergessenen Gründen überworfen haben? Was spricht dagegen, Freunde, die versehentlich zu Fremden geworden sind, wieder zu Freunden zu machen? Der Anblick unserer Pixel-Vergangenheit kann Anlass sein, sich wieder ganz real in die Augen zu schauen.

Drei Monate und zehn Tage, nachdem Roberto erfroren war, verließ er aufrecht gehend das Krankenhaus. Er zog in das Haus seiner Eltern am Fuße der Alpen und fing in einer neuen Kletterhalle mit dem Training an. Es war ein bedeutender Moment, als er seine Fingerspitzen zum ersten Mal wieder auf eine Felswand legte.

»Es war schön, aber nicht so richtig schön«, erzählte er mir. »Ich kam mir vor wie ein Kind, das klettern lernt, aber ich wusste, dass ich mit der Zeit wieder Kraft gewinnen und mich verbessern würde.«

Glück ist nicht die Abwesenheit von Problemen, sondern die Fähigkeit, mit ihnen umzugehen. Ein paar Monate später kam der italienische Sommer, auf den Terrassentischen stand der Aperol. Normalerweise hätte Roberto diese Zeit, in der das Eis schmilzt und die Finger wieder trockenen Felsen greifen können, voller Vorfreude erwartet und wäre mit Alessandro und seinen anderen Kletterfreunden losgezogen. Dieses Mal aber zögerte er. Er lag auf dem Bett, die Sonnenstrahlen tänzelten vor dem halb zugezogenen Fenster, und Roberto klickte sich durch alte Fotos und Videos, die ihn beim Klettern in den Bergen zeigten. Ein breites Lächeln huschte über sein Gesicht, und seine Mutter sagte: »Geh doch einfach. Geh klettern.« Und das tat er.

Sechs Monate nach seinem Erfrierungstod war Roberto wieder am Berg, zusammen mit Alessandro. Am Tag vor unserem Gespräch war Roberto am Mont-Blanc gewesen, der nicht weit von seinem Zuhause liegt. Und am nächsten Tag wollte er sich mit Alessandro am Matterhorn treffen – dort, wo ich meinen Baileys-Kaffee trank.

»Hast du keine Angst?«, fragte ich.

»Vor ein bisschen Pech darf man sich nicht fürchten. Ich erinnere ich mich lieber an all die kleinen Glücksmomente, die dazu geführt haben, dass ich heute hier sein darf. Die meine Rettung ermöglicht haben.«

Er zeigte mir Handyfotos vom Hubschrauber-Rettungsteam, von seinen Eltern, von seinem Freund Alessandro, von ihm, wie er erfroren dalag, und von der Felswand in der Marmolata. »Selbst wenn ich Angst hätte: Mein Leben spielt sich in den Bergen ab. Man darf keine Angst vor dem eigenen Leben haben – es ist doch das einzige, das man hat.«

EINE TOTENFEIER FÜR MEINE FREUNDE

Matt, vierundvierzig Jahre alt
Todesursache: folgt
Lebensursache: Eine Beerdigung

Als ich bei Dinnerpartys erzählte, dass mein nächstes Buch von Tod und Beerdigungen handeln würde, erinnerte die Reaktion der Anwesenden an ein soziales Experiment. Einige wechselten schneller das Thema, als man »Grabrede« sagen kann, während andere mit leicht morbider Faszination darauf eingingen und begierig waren, das Unausweichliche mit einer Mischung aus Humor und Hochachtung zu diskutieren. Ein mir unbekannter Gast vermutete, ich wolle den Tod wohl auf die Schippe nehmen. Mit nichts lässt sich das Eis schneller brechen als mit unser aller Ende.

Beim Schreiben dieses Buchs habe ich beobachtet, dass das Beste in uns oft in den dunkelsten Zeiten zum Vorschein kommt. Beerdigungen sind düster und traurig, und doch bringen sie Geschichten über Liebe, innere Stärke und die unbezwingbare menschliche Seele hervor. In den Momenten gemeinsamer Trauer erkennen wir die wahre Bedeutung von Zusammenhalt und Mitgefühl. Wir kommen zusammen, wir erinnern uns, wir finden Trost in gemeinsamen Erinnerungen und beweisen damit, dass es selbst im Schatten des Todes ein Licht gibt, das uns alle verbindet.

Ich erinnere mich an das letzte Gespräch mit meiner Tante, deren Beerdigung den Auftakt zu diesem Buch bildet. Ich war bei ihr zu Besuch und erzählte ihr, dass ich vor Medizinstudenten einen Vortrag darüber halten sollte, wie man eine Todesnachricht überbringt. Ich war etwas ratlos, weil ich nicht wusste, wie ich klarmachen sollte, dass es genauso wichtig ist, dem Tod einen geschützten Raum zu geben, wie ein Leben zu retten. Ich wollte trotz des schwierigen Themas eine positive Grundstimmung vermitteln. Worauf mir Aunty Win, ohne lange nachzudenken, sagte: »Manchmal zeigt einem die Dunkelheit das Licht.«

Ich habe dann die Worte meiner Tante auf die letzte Folie meines Vortrags gesetzt. Sie stehen neben einem im Jahre 1919, nur fünf Jahre nach Wins Geburt, aufgenommenem Bild. Es ist mein absolutes Lieblingsfoto.

Geschossen hat es Sir Arthur Eddington auf der westafrikanischen Insel Príncipe. Eddington versuchte, Einsteins allgemeine Relativitätstheorie zu beweisen, nach der Masse Licht ablenkt. Da er nicht über unsere modernen Instrumente verfügte, war ihm dies nur mit einer einfachen Schwarz-Weiß-Fotografie während eines sehr seltenen Ereignisses möglich – einer totalen Sonnenfinsternis, die direkt über der Insel stattfand.

Bei einer totalen Sonnenfinsternis schiebt sich der Neumond vor die Sonnenscheibe, verdeckt deren helle Strahlen und ermöglicht Astronomen die Beobachtung sonnennaher Sterne. Eddington wollte nun das Ereignis nutzen, um zu beweisen, dass sich die Lichtstrahlen dieser Sterne tatsächlich entlang einer durch die gewaltige Sonnenmasse hervorgerufenen Krümmung der Raumzeit bewegen.

Die Bedingungen, die Eddington auf Príncipe antraf, waren alles andere als angenehm. Seine Leute konnten nur unter Moskitonetzen arbeiten, Teile der Ausrüstung wurden von Affen stibitzt. Mit dem Tag der Sonnenfinsternis brach auch noch ein gewaltiger Regensturm nieder. Gegen Mittag lichteten sich die Wolken zum Glück ein wenig und es blieben nur vereinzelte Nebel hängen, als die Sonnenfinsternis begann.

Eddington belichtete sechzehn Fotoplatten, aber nur zwei hatten genug Sterne eingefangen, anhand derer sich die Ablenkung des Lichts bestimmen ließ. Und mit einer dieser Aufnahmen beendete ich also meinen Vortrag: Abgelenktes Sternenlicht, das bestätigt, dass Masse eine Krümmung der Raumzeit bewirkt. Einstein hatte recht. Die Welt veränderte sich.

Die monumentale Entdeckung mithilfe der verfinsterten Sonne entstand entgegen allen Erwartungen und Widrigkeiten. Vielleicht wollte Tante Win damit sagen, dass tiefgründige Wahrheiten nur im Schatten offenbart werden können. So wie die Lichtstrahlen der Sterne sich im Umkreis der Sonne krümmen, können dunkle Momente neue Wege und Erkenntnisse aufscheinen lassen und uns zeigen, dass wir selbst in düsteren Zeiten Klarheit und Verständnis finden können.

Deshalb habe ich dieses Thema gewählt. Nicht aus Lust am Morbiden, sondern weil Tante Win recht hatte. Das Leben zehrt von dem, was es wertvoll macht – Zeit, Liebe und dem Leben anderer. Es kann dunkel sein, so wie ein Krieg. Ich bin mir nicht sicher, ob ein Krieg wirklich gewonnen werden kann. Jeder verliert, nur auf andere Weise. Im Leben aber gewinnt jeder. Es weiß nur keiner.

Charlie Chaplin hat einmal gesagt: »In der Nahaufnahme ist das Leben eine Tragödie, in der Totalen aber ist es eine Komödie.« Ich nehme meinen Beruf sehr ernst, mich selbst aber weniger. Vielleicht sollten wir das Gleiche mit dem Leben und dem Tod tun. Warum also nicht ein wenig mit dem Tod spaßen?

Ist es nicht unfair, dass wir zwei der feierlichsten Momente in unserem Leben gar nicht mitbekommen, nämlich die eigene Geburt und die eigene Beerdigung? Bei wie vielen Trauerfeiern sagen die Gäste: »Ich wünschte, wir wären aus einem anderen Anlass zusammengekommen.« Und wie viele Menschen bereuen wohl, einem Verstorbenen nicht gesagt zu haben, wie viel er ihnen bedeutet hat? Lässt sich daran nichts drehen? Zum Anfang, meinem nullten Geburtstag, konnte ich nicht zurückkehren, also blieb nur mein Ende.

Am Tag der Beerdigung von Tante Win hatte ich Geburtstag. Genauso wie am Tag meiner Beerdigung. Doch war ich nicht gestorben. Ich saß da, umringt von Freunden, und hörte mir an, was meine Mutter, mein Vater, meine Frau und meine Kinder in ihren Trauerreden über mich sagten. Ein guter Freund spielte auf seiner Akustikgitarre »Nightswimming« von R.E.M., mein Lieblingslied.

Die Idee, meine eigene Beerdigung zu begehen, war mir gekommen, als ich, nach einer mit zahlreichen Zwischenstopps vollgepackten Reise aus Australien kurze Zeit daheim war. In den acht Tagen bei meinen Eltern hatte ich einen Vortrag gehalten, mein letztes Hörbuch aufgenommen, Arbeitskollegen besucht, einen Berg bestiegen, mein Testament bei unserer Notarin hinterlegt und mich mit Freunden betrunken. Die letzten beiden Punkte gaben den Ausschlag für dieses Buch. Ich war ein gesunder 44-jähriger Mann und meine letzten Wünsche dümpelten seit Jahren auf meiner To-do-Liste. Nachdem ich gelesen hatte, dass man mit etwa vierundvierzig den Höhepunkt in puncto Zufriedenheit und Wohlbefinden erreicht hat, sollte es nun also offenbar abwärts gehen. Nach einer besonders schwierigen Nachtschicht auf der Intensivstation, während der ein anderer gesunder 44-Jähriger plötzlich und unerwartet verstorben war, konnte ich nicht schlafen. Anstatt mich in den Kissen zu wälzen und mich mit meinen Gedanken im Kreis zu drehen, stand ich auf und schrieb eine E-Mail an unsere Notarin in Wales. Ich bat sie, meine wirren Ideen in ein Testament zu verwandeln.

Nach dem langweiligen finanziellen Teil kam der Abschnitt, der mich wachrüttelte: Was wünschst du dir für deine Beerdigung? Ich starrte lange aus dem Fenster in die australische Nacht, doch dann wurde mir alles klar, als hätte mein Geist einen doppelten Espresso intus. Ich wollte eine Zeremonie auf dem Land, mit Bergen, Grün, einem Fluss, Vogelgezwitscher. Ich fände schön, wenn Musik gespielt würde, am liebsten live. Außerdem sollte es hausgemachtes Essen geben. Dazu französischen Wein und guten Kaffee. Ich hasse schlechten Kaffee. Mir fielen immer mehr Wünsche ein, und ich schrieb: »Ein Lagerfeuer wäre toll.« In nur zehn Minuten hatte ich einen perfekten Tag gestaltet – einen Tag, den ich nie erleben würde.

Ein paar Tage später rief die leicht belustigte Notarin an. Sie hatte meine Post-Nachtschicht-Bewusstseinsströme in einen ebenso verwirrenden Juristenjargon verwandelt. Nun sollte das Dokument aber noch vor Ort handschriftlich unterzeichnet werden, und ich musste eine Visite im Notarbüro in meinen ohnehin engen Besuchsplan zwängen.

Direkt danach stand ein Treffen mit meinen Freunden Ben und James an. Wir hatten uns in einem Pub an der Küste verabredet, auf ein Bier zum Sonnenuntergang. Ich kam verspätet und etwas durcheinander dort an, und als ich in meinem Rucksack nach den Australien-Mitbringseln (Koala-Stiften und TimTams) kramte, fiel etwas heraus. In meinen Kopfhörern hatte sich mein kleines rotes Buch verheddert, das ich überallhin mitnahm, um Notizen und Ideen zum Schreiben festzuhalten. Es landete aufgeschlagen auf dem Boden und man konnte die Worte: »wirklich wichtige Dinge … gar keine Dinge« entziffern. Es war der Satz, den Cody zu mir gesagt hatte, nachdem er seinen Herzstillstand überlebt hatte. Seit Jahren sammelte ich die Worte und Gedanken von Menschen, die Leben und Tod erfahren hatten – noch ohne zu wissen, was ich damit anfangen sollte. Neben meinem kleinen roten Notizbuch war eine Kopie meines Testaments gelandet. Als meine Freunde fragten, was das beides sei, sagte ich halb im Scherz: »Ach, nichts Besonderes, nur der Sinn des Lebens und die weltbeste Party, zu der ich aber nicht gehen kann!« Ich weiß nicht mehr, wer zuerst auf die Idee kam, und ob es am Jetlag oder am Bier lag, aber als die Sonne unterging, hatten wir drei beschlossen, meine Lebendtrauerfeier zu organisieren. »Bis zu meinem Tod dann!«, sagte ich meinen Freunden beim Verlassen der Kneipe.

Dabei war ich nicht der Erste, der die letzte Abschiedsfeier nach vorne verlagerte. Von 1856 bis 1906 zahlten irische Armenverbände mehr als 25 000 Menschen die Schiffspassage in die Vereinigten Staaten und nach Kanada. 1882 verabschiedete Irlands Regierung ein Gesetz, mit dem 54 000 weiteren Personen die Auswanderung finanziert wurde. Massenweise verließen die Menschen ihre Familien, und so wurde die »American Wake« ins Leben gerufen: eine Abschiedszeremonie für alle, die sich auf den Weg über den

Ozean machten. Bei dieser »Totenwache«, der eigentlichen Bedeutung von »wake«, gab es zwar keine Leiche, und dennoch fühlte es sich an wie eine Beerdigung, da niemand wusste, ob man sich jemals wiedersehen würde. Aber auch die Iren waren nicht die Ersten, die solche vorgezogenen Totenfeiern begingen.

Es war, als stünde ich wieder in der Schuldisco – ich drückte mich schüchtern die Wand entlang und setzte mich schnell auf einen freien Platz. Eine ungewöhnliche Wendung des Schicksals hatte mich in das berühmte National Theatre an der Londoner South Bank geführt. In meinem ersten Jahr an der medizinischen Fakultät hatte ich mit acht anderen Studenten in einer WG gewohnt. Es war eine bunt zusammengewürfelte Truppe, die überraschend gut harmonierte. Unter ihnen war Tim, der aus dem tiefsten Wales kam, Literatur studierte und seinem Stottern keine Macht über sich gab. Und nun, fünfundzwanzig Jahre später meldete sich ein erfolgreicher Dramatiker namens Tim bei mir. »Ich habe ein Theaterstück über Aneurin Bevan geschrieben – könntest du mir bei den medizinischen Details helfen?«, fragte mein Ex-Mitbewohner per Mail. Ich war sofort begeistert. Meine Theatererfahrung beschränkte sich auf einen Auftritt als stummer, kindsgroßer Adventskalender in einer Schulaufführung, aber ich freute mich riesig über diese Chance. Später erkannte ich, welch enge Verbindungen es zwischen dem Theater und der medizinischen Praxis gibt. Wir trennen Kunst und Wissenschaft, als wären sie verschiedene Körperteile. Tatsächlich aber sind sie ein Augenpaar, das aus etwas verschiedenen Blickwinkeln aufs Leben schaut. Um unseren Weg zu finden, brauchen wir beide Augen.

Eine mitreißende Theaterproduktion basiert auf einer fesselnden Geschichte, in der Emotionen, historische Begebenheiten, Überzeugungskraft und Sinnsuche miteinander verwoben sind. Tims Theaterstück *Nye* über das Leben von Nye Bevan – britischer Gesundheitsminister der Nachkriegszeit, Gründer des National Health Service (NHS) und ebenfalls Stotterer – erfüllt diese Vorgaben perfekt. Und auch in meinem Krankenhaus finde ich die genannten Themen wieder, denn jeder Patient kommt mit seiner eigenen Geschichte. Der Probenbetrieb im National Theatre klang wie ein Echo des Krankenhausalltags – eine Mischung aus Wissenschaft, Kunst und technischer Expertise, gegründet auf menschlicher Erfahrung. Die aktive Beschäftigung mit Künsten wie Theater, Musik, Poesie oder Tanz kann eine transformative Erfahrung sein. So war es jedenfalls bei mir. Meine Tätigkeit als medizinischer Berater hat mein Interesse an einem öffentlichen Engagement geweckt, das Bewegung, Klänge und Licht statt nur Worte nutzt. Das Theater kann Geschichten erzählen, die über bloße Fakten hinausgehen und realer sind als Sachbücher. Interdisziplinäre Projekte, der Kontakt zu anderen Lebenswelten, können Empathie fördern und den Horizont erweitern.

Bedauerlicherweise sind sowohl das Gesundheitswesen als auch das Theater von Kürzungen betroffen, wodurch ihr Wert geringgeschätzt und ihre Vision beschnitten wird. Vielleicht sollten wir Theater und Medizin zusammenbringen und die heilende Kraft des Theaters stärker betonen.

Als Tim mich bat, als medizinischer Berater zu fungieren, wusste ich noch nicht, dass Michael Sheen die Hauptrolle spielen würde. Und dann saß ich eine ganze Stunde mit dem Hollywoodstar im Café des National Theatre. Ich berichtete ihm von meinem Vorhaben, der Begräbnisfeier zu Lebzeiten, und wir fanden über das Thema Tod und Verlust zueinander. Michael erzählte mir, wie gerne er in die griechische Antike zurückkehren würde – zum einen, weil er dann die Geburt des Theaters miterleben könne, und zum anderen wegen seiner Faszination für »die Mysterien von Eleusis«. Immer noch etwas unter Schock ob der Starpräsenz, nickte ich nur und tat so, als wüsste ich, wovon er sprach. Es stellte sich heraus, dass die Griechen und Michael Sheen viel mehr über Trauerfeiern für Lebende wussten als ich.

In den Toreingang zum Kloster Agiou Pavlou am heiligen Berg Athos in Griechenland sind die Worte »Wenn du stirbst, bevor du stirbst, wirst du nicht sterben, wenn du stirbst« eingraviert. Diese Buchstaben wurden vor tausend Jahren von Hand in den Stein geritzt. Im antiken Griechenland versprachen Kulte und Geheimnisse den Eingeweihten eine Bewusstseinserweiterung. Die Mysterien von Eleusis waren geheime Initiations- und Weiheriten, deren Teilnehmer sich vor ihrem Ableben mit dem Tod auseinandersetzten. Dabei ging es vor allem um Demeter und Persephone, Mutter und Tochter, deren Geschichte den Kreislauf der Natur, von Leben, Tod und Wiedergeburt spiegelt. Wer das Glück hatte, in diese Welt eingeführt zu werden, der begriff, dass der Tod nicht das Ende, sondern Teil eines ewigen Zyklus war.

Ein Marmorrelief aus dem Archäologischen Museum in Athen stellt die an den Mysterien beteiligten Götter dar: Man sieht Demeter, die Göttin der Fruchtbarkeit, wie sie Triptolemos, dem Verbreiter des Ackerbaus, Ähren reicht, während die neben den beiden stehende Persephone eine Fackel in der Hand hält, die auf ihren Wechsel zwischen Unter- und Oberwelt hindeutet.

Wir dagegen wechseln jetzt abrupt in die 1990er Jahre, zu der 1915 geborenen Schauspielerin, Produzentin und Regisseurin Takiko Mizunoe, einem frühen Popkultur-Idol Japans. Auch sie wollte die Normen rund um den allerletzten Vorhang neu definieren. Dies gipfelte in ihrer Entscheidung, 1992 als gesunde 78-Jährige ihre eigene Trauerfeier auszurichten und live im Fernsehen zu zeigen.

Mizunoes inszenierter, von Millionen Menschen verfolgter Abschied war keine morbide Skurrilität, sondern eine großartige, herzliche Dankesbotschaft an die Welt. Ihre Absicht – »allen, die mir am Herzen liegen, noch zu Lebzeiten meine Wertschätzung auszudrücken« – war nicht nur ein letzter Gruß, sondern der Aufruf, den Wert der Gegenwart, die Bedeutung von Dankbarkeit und die Kraft des Miteinanders hochzuhalten. Takiko Mizunoe lebte noch weitere sechzehn Jahre und starb im Alter von vierundneunzig Jahren.

So gegensätzlich sie erscheinen mögen, liegen Leben und Tod doch so nah beieinander wie die Zahlen 11 und 1 auf einem Zifferblatt. Und wir Menschen wissen seit Tausenden Jahren darum und haben entsprechende Rituale entwickelt. Es kommt vor, dass Menschen das Sterben nicht als den Verlust einer Person betrachten, sondern als deren Entdeckung. Wir selbst aber können uns in der althergebrachten Zeremonie nicht entdecken: Wir sind dann tot. Das Leben hinter uns verändert sich, wenn wir uns nach ihm umschauen. Oft vergessen wir, uns umzuschauen, und schon ist es vorbei. Ich wollte mich umschauen, solange ich noch konnte.

Zurück in Australien dachte ich viel darüber nach, was wir vereinbart hatten. Ich fragte mich, ob ich mit meiner Lebendtrauerfeier nicht unheilbar Kranke verletzen oder frühzeitig Verstorbene herabwürdigen würde. Ich befürchtete, dass sie meine

Familie verärgern oder vor allem als Ego-Trip angesehen werden könnte, anstatt als ein Weg, über sich selbst hinauszuwachsen. Und so nahm ich mir selbst das Versprechen ab, dass diese Feier nur dann stattfinden sollte, wenn sie von einem Buch begleitet würde, das anderen eine Hilfe sein kann. Meine Trauerfeier verband ich mit dem Wunsch, meine Patienten vorzustellen: Menschen, die medizinisch betrachtet gestorben waren, aber eine zweite Chance bekamen und in einem unerwarteten zweiten Akt mitspielen durften. Ich wollte wertvolle Einsichten von Menschen vermitteln, die dem Tod ins Auge geblickt und weitergelebt haben, um ihre Geschichten zu erzählen. Meine vorgezogene Trauerfeier ermöglichte mir einen Blick auf die wichtigen Dinge – und das, solange ich noch Zeit hatte, mich für sie einzusetzen.

Ursprünglich hatte ich vor, eine Trauerfeier in meiner Dorfkirche in Wales abzuhalten, in der Nähe des Pubs, in dem uns die Idee gekommen war. Aber der Pfarrer sagte, dass es dort nur Trauergottesdienste für »verstorbene Christen« gebe – zwei sehr vernünftige Grundvoraussetzungen, die ich nicht erfüllen konnte. Es kam mir außerdem narzisstisch vor, mich in den Mittelpunkt zu stellen, zumal es Freunde gab, die unheilbar erkrankt waren und deren tatsächliche Beerdigung womöglich bald bevorstand. Ich folgte daher einem Ratschlag der Schriftstellerin Helen Keller. Sie ist bisher die erste taubblinde Person, die einen Hochschulabschluss erworben hat, und sie sagt: »Lieber gehe ich mit einem Freund im Dunkeln spazieren als allein im Licht.« Ich wollte meine Freunde mit einbeziehen, damit wir gemeinsam hinaus in die Dunkelheit gehen konnten.

Das Weihnachtsfest in diesem Jahr verging in einem Feuerwerk unpassender Geschenke, und während zu Hause viele vom Januar-Blues heimgesucht wurden, schmorte ich in der australischen Sonne. Es war jetzt schon einige Monate her, dass wir das Vorhaben besiegelt hatten, doch ließ sich einfach kein für alle passender Termin finden. Ich zweifelte schon, ob wir den Plan jemals umsetzen würden.

Doch dann, in dieser seltsamen Zeit nach Weihnachten, kurz nach Neujahr, schaltete ich zufällig *Ferris macht blau*, den Kultklassiker von 1986 ein. In der Eröffnungsszene, nachdem Ferris seine Eltern davon überzeugt hat, dass er viel zu krank ist, um zur Schule zu gehen, sagt er einen Satz, den er in der Schlussszene, nach bestandenen Abenteuern, an den Zuschauer gerichtet wiederholt: »Das Leben geht ziemlich schnell vorbei. Wenn ihr nicht ab und zu mal stehen bleibt und euch umseht, könnt ihr es verpassen.«

Als ich das hörte, sprang ich vom Sofa auf und schickte meinen Freunden eine Nachricht. Der Termin, auf den sich die meisten einigen konnten, lag für mich ungünstig. Aber nach diesem Satz aus dem Film dachte ich: »Na und!« *Vitam vive.*

Meine Nachricht lautete:

Vorsicht, seltsame Anfrage!

Ich möchte ein Buch schreiben und brauche dafür Hilfe in Form einer Trauerfeier für Lebende. Ihr müsstet euch Folgendes überlegen:

- Ein Lied
- Ein Gericht oder ein Getränk
- Eine Lesung, die alles Mögliche sein kann, von einem Gedicht bis zu einem langen Witz

Ich habe einen freien Redner organisiert, der die Veranstaltung leiten wird. Es werden die ausgewählten Texte vorgetragen, und außerdem eine Trauerrede der Menschen, die euch lieben.

Die Fahrgelegenheiten sind begrenzt, bringt daher bitte nur leichtes Gepäck mit. Es gibt eine Handy-Sperre, damit wir nur miteinander sprechen und streiten, und nicht mit irgendwelchen Unbekannten im Netz.

Ich habe eine abgelegene Berghütte mit Whirlpool und Blick auf grüne Berghänge gefunden. Ich übernehme die Kosten für Unterkunft, Verpflegung, Getränke und Mietwagen, denn Zeit mit Freunden ist kostbar. Im nächsten Jahr komme ich dann aus Australien zurück und bin gespannt, ob sich euer Leben durch diese Erfahrung verändert hat.

Ach, ja: Der einzige Termin, an dem wir alle Zeit haben, ist der 25. Januar, mein Geburtstag. Ich dachte zuerst, das wäre ein Problem. Aber wenn ich genauer darüber nachdenke, kann es eigentlich keinen besseren Tag für meine Beerdigung geben.

Kommt ihr?

Liebe Grüße, Matt

Ich lud eine bunt gemischte Trauergemeinde ein. Alle diese Menschen hatten unterschiedliche Verlusterfahrungen in ihrem Leben gemacht. Es waren alte Schulfreunde dabei; Väter, die ich über die Schule der Kinder kennengelernt hatte; Kommilitonen, mit denen ich in der medizinischen Fakultät am Seziertisch gestanden hatte, und mit denen ich mich angesichts der extremen Höhen und Tiefen des Medizineralltags für immer verbunden fühle.

Diejenigen mit einem persönlichen Bezug zum Tod ließen sich am ehesten auf die Erfahrung ein, sie schienen am besten vorbereitet. Fröhlich gar. Wir Menschen können uns den Situationen, in die wir hineingeworfen werden, erstaunlich gut anpassen. Ich fragte mich, inwiefern sich belastende Erlebnisse auch anderweitig auf die Persönlichkeiten meiner übrigen, um mich versammelten Freunde ausgewirkt hatten.

Wir schätzen oft falsch ein, was uns in Zukunft besonders glücklich machen könnte – unsere »affektive Vorhersage«, wie es wissenschaftlich heißt, liegt leider oft daneben. Das gilt insbesondere, wenn Geld im Spiel ist. Zum Beispiel kann uns ein kürzerer Arbeitsweg genauso froh machen wie eine Lohnerhöhung, ein bezahlter Urlaub kann schöner sein als Bargeld, und mehr Freizeit macht oft glücklicher als mehr Geld. Dennoch gehen die meisten davon aus, dass mehr Geld der Schlüssel zum Glück ist. Außerdem flacht unsere Reaktion auf radikale Veränderungen ab. Ein Lottogewinn macht uns für eine gewisse Zeit glücklicher, ein Unfall für eine gewisse Zeit vorsichtiger. Dann aber fallen wir oft auf ein Normalmaß zurück. Menschen sind bemerkenswert flexibel.

Ich kann mich jedenfalls glücklich schätzen, dass ich meine Familie, meine Frau und Kinder sowie meine Freunde bei meiner Beerdigung dabeihaben kann!

In *The Long Goodbye*, einem Buch, dass die amerikanische Schriftstellerin Meghan O'Rourke nach dem Tod ihrer Mutter geschrieben hat, heißt es: »Freunde, die uns besonders lieb sind, werden zu einem physischen Teil von uns, sie graben sich in unsere Synapsen, in die Pfade der Erinnerung ein.«

Das stimmt. Unsere Freunde wohnen in uns, und wir wohnen in ihnen. Freundschaften nehmen Einfluss auf die Funktionen von Gehirn und Körper. Auch der Hirnforscher David Eagleman erklärt: »Wir verinnerlichen geliebte Menschen – nicht nur metaphorisch, sondern auch physisch. Unser Gehirn passt sich an ihre erwartete Anwesenheit an.«

Die Vorstellung, dass wir quasi das Mittel aus der Handvoll Menschen sind, mit denen wir am meisten Zeit verbringen, klingt grob vereinfachend, und doch macht sie deutlich, wie stark zwischenmenschliche Bindungen auf unser neurologisches Gerüst, auf unser Leben, Einfluss nehmen. Unser Gehirn verändert seine neuronalen Bahnen, wenn wir die Gewissheit haben, uns auf gute Freunde verlassen zu können.

Psychologische Studien bestätigen immer wieder, dass stabile, gesunde Freundschaften entscheidend für Wohlbefinden und Langlebigkeit sind. Sozial eingebundene Menschen sind zufriedener mit ihrem Leben und leiden seltener unter Depressionen. Sie haben ein geringeres Risiko, an Herzproblemen und chronischen Erkrankungen zu sterben. Eine bahnbrechende Studie mit mehr als 300 000 Menschen ergab, dass mangelnde zwischenmenschliche Bindungen das Risiko eines vorzeitigen Todes stärker erhöhen als das Rauchen von zwanzig Zigaretten pro Tag. Darum: Das Feuerzeug weglegen und zum Telefon greifen!

Freundschaften bieten mehr als nur emotionale Unterstützung. Sie haben einen spürbaren Effekt auf unsere körperliche Gesundheit. In ihrem Buch *Friendship: The Evolution, Biology and Extraordinary Power of Life's Fundamental Bond* stellt auch die amerikanische Autorin Lydia Denworth heraus, wie soziale Vereinsamung unser Immunsystem beeinflusst und für vermehrte Entzündungen und eine schwache Immunantwort sorgt. Freundschaften stärken, sogar in Bezug auf die weißen Blutkörperchen. Wer sozial integriert ist, hat tendenziell einen niedrigeren Blutdruck, einen besseren Schlaf und kürzere Genesungszeiten. Angespannte Beziehungen hingegen sind wichtige Vorhersagefaktoren für chronische Erkrankungen.

Besonders bemerkenswert ist der Einfluss von Freundschaften auf unsere Stressreaktion. Studien zeigen, dass Schwankungen von Blutdruck und Herzfrequenz niedriger ausfallen, wenn wir anstrengende Aufgaben mit Freunden bewältigen. In einem faszinierenden Experiment empfanden die Teilnehmer einen Hügel als weniger steil, wenn sie beim Aufstieg von einer ihnen nahestehenden Person begleitet wurden. Freundschaften stärken unser psychisches wie physisches Wohlbefinden.

Dabei ist Einsamkeit nicht nur für ältere Menschen ein Problem. Die Schutzwirkung von Freundschaften ist in allen Altersgruppen gegeben. Auch wenn soziale Projekte gegen Vereinsamung oft an ältere Erwachsene gerichtet sind, können jüngere Menschen ebenso davon profitieren. Es ist, als säßen wir auf einem dreibeinigen Hocker, den wir einseitig belasten, bis er zu kippen droht. Wir konzentrieren uns auf die Arbeit und die Familie und vernachlässigen das dritte Bein: uns selbst. Dabei ist Zeit mit guten Freunden wahrscheinlich förderlicher als jedes Medikament, das ich verschreiben könnte.

In der Selbsthilfe-Abteilung von Buchhandlungen und Büchereien stapeln sich die Ratgeber für neuen Schwung im Liebesleben, obgleich der steten Kraft guter Freundschaften doch mindestens die gleiche Aufmerksamkeit gelten sollte. Bei vielen Herausforderungen des Lebens bieten uns Freunde, die ohne Eigeninteresse für uns da sind, oft mehr Unterstützung als solche, mit denen wir im Bett landen.

Um unser Treffen möglichst ergiebig zu gestalten, wollte ich nicht nur die in meinem Testament gefassten Pläne aufgreifen, sondern auch die Patientengeschichten aus meinem kleinen roten Buch. Ich blätterte durch die Seiten und schrieb auf, was mich die Menschen gelehrt hatten, die nun die Kapitel dieses Buchs bilden.

Alex aus Kapitel 7 zeigt, dass das Leben vom Zufall bestimmt wird. Also nahm ich mir vor, nicht alles durchzuplanen. Zugleich wollte ich den Scheinwerfereffekt überwinden, also die Sorge darüber, was andere über uns denken, wenn wir seltsame

Dinge tun. Wir würden nur zu acht sein, doch wollten wir auch an die Verstorbenen denken und die Namen derer nennen, die nicht bei uns sein konnten.

Luca aus Kapitel 2 sagt uns, dass Worte viel bewirken können, genauso wie die Nähe zur Natur. Wir würden Worte von uns nahestehenden Menschen und Worte aus der Vergangenheit in unsere Erfahrung einbauen, und vor allem auch die Erkenntnis, dass wir die großartige, freie Natur zum Leben brauchen.

Cody aus Kapitel 3 hat in Begegnungen statt in materiellen Dingen Sinn gefunden. Ich wünschte mir, dass die Gäste möglichst wenig Sachen mitnahmen und vor allem solche zu Hause ließen, die eher ablenken als Gemeinsamkeit stiften. Stattdessen würden wir uns auf einige wenige sinnvolle Aktivitäten konzentrieren, die Kooperation erfordern.

Summer mahnt uns, uns mit den richtigen Menschen zu umgeben. Wir alle haben Freunde, die für manche Settings perfekt, für andere aber völlig ungeeignet sind. Sie erinnert uns auch daran, wie sich das Leben durch ein einzelnes Ereignis vollkommen umkrempeln kann. Ich hoffte, dass unsere Begräbnisfeier nicht das Ende, sondern der Beginn von Veränderungen sein würde. Ich packte drei meiner Lieblingsspiele ein, die unsere Freundesgruppe noch nie zusammen gespielt hatte, weil ich daran dachte, wie Tetris Summers Leben verändert hat. »Schweinerei«, ein reines Glücksspiel, bei dem man mit Mini-Plastikschweinen würfelt und je nach Konstellation Punkte sammelt, wäre perfekt für den Flughafen. Das Magnetspiel »Kluster« eignete sich als Trinkspiel zum Essen, womit »Werwölfe« für den zweiten, nüchternen Abend übrigblieb, nachdem wir Allianzen gebildet und Geheimnisse ausgetauscht hätten und gewitzte Spionage gefragt wäre.

Nachdem Mike aus Kapitel 5 ertrunken war, erkannte er, dass wir gemeinsam stärker sind. Zusammenarbeit und gemeinsame Anstrengungen sind entscheidend für unser Überleben. Die größten Erfolge entstehen durch kollektives Engagement. Ich bat also meine Freunde, jeweils etwas mitzubringen, was sie besonders gut können.

Jens Herz lehrt uns, das Hier und Jetzt zu genießen anstatt auf den perfekten Moment zu warten. Für acht Leute mit einem prall gefüllten Alltag und anspruchsvollen Berufen findet sich eigentlich nie ein geeigneter Termin für ein Treffen. Wir mussten uns einfach auf diesen einen Termin festlegen, auch wenn er nicht ideal war. Vitam vive – lebe dein Leben.

Als Alex seinen schweren Allergieanfall überstanden hatte, fand er heraus, dass Musik das Betriebssystem seiner Seele war. Er begann, sich mit Dingen zu beschäftigen, die ihm Spaß machten, auch wenn er sie nicht beherrschte. Musik war auf dieser Reise unverzichtbar, und ich hatte da schon die perfekte Idee.

Kais Entdeckung der Langsamkeit lässt ihn heute mehr loslassen als durchhalten. Wir alle sollten ein Leben führen, das es wert ist, in Erinnerung zu bleiben. Meine Freunde und ich brauchten ein Andenken, damit unsere Abschiedsfeier nicht so rasch im Hintergrundrauschen des Lebens verschwände. Vielleicht würde diese Erfahrung sogar dazu führen, dass wir uns von Dingen freimachten, die nicht zu uns passen. Rhys hat gezeigt, wie man seine Dämonen hinter sich lässt. Statt nachts wachzuliegen und über unser Selbstbild zu grübeln, würden wir bewusst Abstand von unserem Alltag nehmen und uns Raum schaffen, um die Antworten zu finden, die wir für unser zukünftiges Ich suchen. Roberto schließlich hat den digitalen Staub von alten Bildern gefegt und Erinnerungen aufgedeckt, die wiederbelebt gehören. Ich würde ein paar alte Papierfotos mitnehmen – Schlüssel, mit denen wir schöne Zeiten und gute Menschen freigeben könnten, die zwar vergangen, aber nicht vergessen sind.

Mit diesem Konzept kam ich mir vor wie ein Reiseveranstalter für das Ende der Tage. Ich tippte »Landhaus/Berge/Wein/Kaminfeuer/acht Betten« in die Websuche ein und stieß auf ein idyllisches Ferienhaus in den französischen Pyrenäen. Es hatte sogar einen holzbefeuerten Whirlpool mit Kleiderlos-Vorschrift, perfekt also zum Abbauen eventueller Hemmungen. Die passende Szenerie hatte ich also schon mal, jetzt wurden die Rollen verteilt: mein sizilianischer *amico* würde uns bekochen, und mein alter Schulfreund, ein talentierter Sänger und Gitarrist, für die Live-Musik sorgen. Jemand sollte das Ereignis in einem Gemälde festhalten, ein anderer wäre der offizielle Fotograf. Ein Französisch sprechender Freund reservierte ein Restaurant ohne eine einzige Bewertung, sodass völlig dem Zufall überlassen blieb, ob uns das Menü schmecken würde. Unser Partylöwe besorgte den Wein.

Ich wollte eine möglichst authentische Erfahrung, also beauftragte ich einen in Frankreich lebenden britischen Redner: Mark hat als Lehrer gearbeitet, ein Café betrieben und sein Leben dann vor einigen Jahren komplett umgekrempelt, als er nach Frankreich aufs Land zog und sein eigenes Unternehmen als Hochzeits- und Trauerredner gründete. Mike weiß um die Kraft der Reflexion, er war von der Idee einer Trauerfeier für Lebende fasziniert und wollte uns unterstützen – unter ein paar Bedingungen. Es sollte eine authentische Erfahrung werden, daher wollte Mark mit unseren Familien sprechen und für jeden von uns eine passende Trauerrede schreiben. Wir sollten alle eine Lesung auswählen, sei es ein Gedicht oder eine kurze Textpassage, die uns etwas bedeutete. Alles, auch das von uns ausgewählte Lied, musste bis zum großen Tag geheim gehalten werden. Marks Vorschläge passten perfekt zu den Ideen aus meinem Testament und den Botschaften der Herzstillstandüberlebenden aus meinem Notizbuch.

Es ist schwer, seinen Partner, seine Mutter, seinen Vater, seinen Bruder oder seine Schwester zu bitten, eine Trauerrede für einen Lebenden zu schreiben. Die Reaktionen waren sehr gemischt, so viel sei gesagt. Ich hörte, wie meine Frau und meine Töchter am Telefon lachten, als sie Mark bemerkenswerte Ereignisse aus meinem Leben erzählten. Bei anderen dagegen hielt sich der Spaß in Grenzen. Allein die Vorstellung, dass jemand, den man liebt, nicht mehr da ist, war für manche nicht zu ertragen. Sie konnten keine Worte finden, mochte die Beerdigung noch so fiktiv sein. Bei anderen kam es zu Konflikten und Meinungsverschiedenheiten. Der Tod ist so sicher wie nichts im Leben und doch ist er für viele nicht vorstellbar.

Natürlich ist eine Trauerfeier für Lebende eigentlich nur Theater. Wir sind nicht gestorben, genauso wie die Menschen in diesem Buch nicht gestorben sind. Ihre Herzen standen zwar einige Minuten oder gar Stunden still, doch ist das noch nicht der Tod. Wenn es so wäre, würden wir über 100 000 Mal pro Tag sterben, in den Pausen zwischen den Herzschlägen. Aber vielleicht sollten wir jede dieser winzigen Pausen als eine neue Chance aufs Leben betrachten. Als etwas, das noch mächtiger ist als der Tod.

Doch auch Theater kann zutiefst bewegend sein. Wir waren nicht tot. Wir wussten, dass es ein Morgen gäbe. Doch diese Generalprobe war wichtig. Tatsächlich spiegeln das Kerzenlicht und die Erinnerungen an die Vergangenheit vielleicht genau das wider, was kurz vor dem letzten Vorhang in unserem Leben geschieht.

Der Tag

Bald erhielt ich begeisterte, leicht belustigte Antworten von sieben engen Freunden aus verschiedenen Phasen meines Lebens, die alle gewillt waren, sich auf das Experiment einzulassen. Die Flüge waren gebucht, die Lieder ausgewählt, die Grabreden geschrieben, und wir waren bereit, an einen Ort zu reisen, an dem wir noch nie zuvor gewesen waren – weder geografisch noch spirituell.

Nach der Landung am Flughafen von Toulouse waren wir alle in bester Stimmung. Die zweistündige Route in die Berge dehnte sich auf über fünf Stunden aus, da französische Bauern gegen Reformvorhaben der Regierung protestierten und die Autobahn blockierten. Spätestens bei Einbruch der Dunkelheit ließ der offenbar für Jockeys konzipierte Achtsitzer, den wir gemietet hatten, das Leben nach dem Tod beinahe attraktiv erscheinen. Wir zählten die Kilometer einzeln herunter. Endlich kamen wir an und wurden von Tom, der schon früher eingetroffen war, mit einer hausgemachten französischen Zwiebelsuppe und einem prasselnden Kaminfeuer empfangen. Das und die Aussicht auf ein besonderes Wochenende waren Belohnung genug. Am nächsten Tag genossen wir ein fantastisches ausgedehntes Mittagessen in einem Restaurant vor Ort, das wir auf gut Glück ausgesucht hatten. Dass in der vegetarischen Suppe der Kadaver eines nicht identifizierbaren Säugetiers schwamm, konnte uns nicht weiter schrecken. Wir reichten alte Fotos herum, die wie Lesezeichen für gemeinsam erlebte Geschichten waren und Momente und Emotionen weckten, die im Gedächtnis geschlummert hatten.

Auf dem Weg zurück zum Ferienhaus ging schon die Sonne unter, eingerahmt von einem Berggletscher zur Rechten und einem üppig grünen Wald zur Linken. Ben machte tolle Fotos, während guter Kaffee gebrüht, Wein eingeschenkt und Gnocchi gekocht wurden – genauer gesagt erklärte mein italienischsprachiger Freund Corrado dem walisischen Muttersprachler Dave, wie man letztere nach traditioneller sizilianischer Art zubereitete. Unter dem Whirlpool auf der Terrasse brannte ein Holzfeuer und wärmte schon einmal das Wasser. Es gab keine vibrierenden Handys und keinen Fernseher mit tragischen Nachrichten, die einen beunruhigen aber nicht direkt betreffen. Wir trugen verwaschene Jeans und T-Shirts, und alle hatten verwuschelte Haare, außer Corrado. Er trug ein altes, langes Nachthemd, genäht von einer älteren Dame für seinen besten Freund Paolo, einen Kapuzinermönch, der in Jerusalem lebte. Um die Integration der Kulturen voranzutreiben, hatte Corrado sich ein Beispiel an der schottischen Herkunft meines Trauzeugen Jon genommen und aus Versehen keine Ersatzunterwäsche eingepackt, sodass er mit blankem Hintern in dem schönen Stoff steckte. In Sizilien war der Scheinwerfereffekt offenbar nie angekommen.

Es war alles so, wie ich es mir erhofft hatte. Dieses Zusammensein war unsere Kirche. Wir standen draußen auf der Terrasse und dachten an jene, die nicht dabei sein konnten – Freunde, Eltern, Brüder, Schwestern, die verstorben waren – und wir nannten ihre Namen. Eine ernste Stille legte sich über uns. Dann trat auch Mark dazu. Wir stellten unsere Gläser ab, holten tief Luft und lauschten.

Es ist mir eine große Ehre, euch alle offiziell für tot zu erklären. Das war's. Es ist vorbei. Ihr werdet die Menschen, die ihr liebt, nie wiedersehen. Ihr werdet nichts mehr erreichen. Ihr werdet nie wieder fühlen, berühren, riechen, empfinden. Ihr seid getilgt. Ihr seid gegangen. Ihr existiert nicht mehr. Ihr seid tot. Eure Zeit ist abgelaufen. Euer Vermächtnis beginnt.

Was ist euer Vermächtnis? Was und wen habt ihr zurückgelassen? Wie denkt ihr über euer bisheriges Leben? Wie fühlt ihr euch mit dem, was ihr in der kurzen Zeit auf diesem Planeten getan und gesagt habt?

Heute ist der Tag eurer Beerdigung. Der Tag, an dem eure Familien und Freunde in ihrer Trauer zusammenkommen, um sich von euch zu verabschieden. Was bedeutet es, wenn ihr nun die für euch gedachten Grabreden hört? Was bedeutet es, wenn das Leben jetzt und hier endet? Was bedeutet es, wenn ihr hört, dass heute Matthew Philip Govier Morgan zu Grabe getragen wird?

Was dann folgte, ist schwer zu beschreiben. Für jeden von uns wurde eine Kerze angezündet. Wir hörten die Worte, die unsere Lieben für uns gefunden hatten, und die Worte, die jeder Einzelne für die Lesung ausgesucht hatte. Carlo spielte unsere Lieder. Dave servierte das italienische Gericht, das ihm Corrado beigebracht hatte. James, der Nicht-Maler, malte die Szene. Ben hielt die Eindrücke mit der Kamera fest, während Jon den Wein öffnete und Tom sich ums Feuer kümmerte. Es wurde viel gelacht, es gab tief empfundene Freude. Auch Tränen. Acht erwachsene Männer, die still dasaßen, zuhörten, weinten. Keine Spur von toxischer Männlichkeit. Es war schwer, bestimmte Dinge zu hören, zu sagen.

Das Leben schreibt uns seine Geschichten ins Gesicht, versteckt in Zügen, die nur ab und zu zum Vorschein kommen. Jeder von uns hatte Phasen erlebt, die unser Durchhaltevermögen auf die Probe stellten, die scheinbar mehr von uns verlangten, als wir geben konnten. Wir alle kannten Bedrängnisse und Bürden, die sich zu schwer anfühlten. Doch all das hatte uns hierhergebracht, uns geformt. Zum Lichtblick gehört Dunkelheit.

Wir alle hatten schon unter Einsamkeit und Verzweiflung gelitten. Aber die verborgenen Narben stehen nicht für Schmerz, sondern für innere Stärke. Dennoch halten wir sie unter Verschluss. Wir sind angeknackst, aber nicht gebrochen. Denn es gibt da einen stillen Zusammenhalt, der uns durch unsere persönlichen Kämpfe trägt. Was wir durchgemacht haben, verbindet uns. Wir kennen die schlaflosen Nächte, die schweren Entscheidungen, die stillen Zweifel. Stille Menschen haben oft die lautesten Gedanken. Wir wissen um den Druck der Erwartungen und die Last der Enttäuschung. Und dennoch haben wir Wege gefunden, uns zu erheben. Wir haben uns angepasst und weiterbewegt.

Ich sage das, weil das, was wir Freunde durchgemacht haben mochten, gar nicht so einzigartig und, verglichen mit dem Elend auf der Welt, sicher nicht so schlimm war. Diese Erfahrungen sind vielmehr eine gemeinsame Grundlage, auf der wir alle stehen, ob heute, morgen oder gestern. Sie erinnern uns daran, dass unsere Wege zwar unterschiedlich sein mögen, das Wesen unserer Kämpfe jedoch universell ist, ja unser Menschsein ausmacht.

Ich beobachtete, dass unsere Trauer einen interessanten Verlauf nahm. Oft war es nicht der gedacht Verstorbene, der angesichts seines Todes weinte, sondern seine Freunde, die Einblick in sein Leben gewannen und spürten, was sein Verlust bedeuten würde. Mein ältester Freund Carlo, ein logisch denkender, mathematikbegeisterter Versicherungsfachmann und großartiger Gitarrist, hatte Mühe, ein für ihn eigentlich leichtes Lied zu spielen, als ich mit dem Sterben an der Reihe war. Jon, ein Allgemeinmediziner, der in seiner Praxis täglich mit traurigen Schicksalen zu tun hat, hatte Tränen in den Augen, als Corrado, den er doch eben erst kennengelernt hatte, das Zeitliche segnete. Und selbst wenn es die Toten waren, die weinten, war es nicht ihr eigener Tod, der sie berührte – sondern die Worte, die ihre Eltern, ihre Kinder, ihre Frauen und ihre Freunde geschrieben hatten.

Alle Männer weinen, aber sie tun es allein oder betrunken. Wir waren nicht allein und fast nüchtern. Viele Männern können sich nur schwer öffnen, geschweige denn gegenüber anderen Männern. Über unsere Sozialisation wurde uns eingebläut, dass »ein Mann sein« bedeutet, keine Verletzlichkeit zu zeigen. Wir fürchten, von anderen Männern als schwach, von potenziellen Liebespartnern als unattraktiv und von der Gesellschaft als untauglich beurteilt zu werden. Eben diese Angst treibt manche Männer dazu, es ins Lächerliche zu ziehen, wenn doch einmal Emotionen an die Oberfläche kommen. Ich weinte jedoch nicht, weil ich traurig oder schwach war, sondern weil ich dankbar war. Dankbar, dass wir eine zweite Chance bekommen, mit jedem Tag. Dankbar, dass ich immer wieder versuchen kann, die unbändige Freude und die tiefe Verzweiflung in Einklang zu bringen, die das Leben ausmachen. Doch hatte ich nicht erwartet, wie transformativ diese Erfahrung sein würde.

Wir hatten meine ganze Trauerfeier-Liste abgearbeitet und alle Ratschläge der in diesem Buch vorgestellten Patienten befolgt. Wir sahen aus wie Teilnehmer der Mysterien von Eleusis, von denen Michael Sheen mir erzählt hatte, obwohl ich mir nicht sicher bin, ob man acht nackte, weinende Griechen in einen Whirlpool gequetscht bekommen hätte. Als die Tränen getrocknet, die Gnocchi gegessen und die Lieder gesungen waren, stand unser Redner auf und befeuchtete Daumen und Zeigefinger. Nacheinander berührte er die Flammen unserer Kerzen, die bei unserem Tod entzündet worden waren.

Dabei sagte er:

Mit dem Löschen dieser Kerzen darf ich euch voller Freude mitteilen, dass ihr nicht mehr tot seid. Ihr seid quicklebendig und könnt den Rest eures Lebens in vollen Zügen genießen.

Ich wünsche euch, dass ihr erkennt, welch tiefgreifenden Einfluss euer Leben auf die euch Nahestehenden hat.

Dass ihr die Menschen wertschätzt, die euch am Herzen liegen, und dass ihr begreift, wie euer Dasein ihr Leben bereichert.

Dass ihr alle mit guter Gesundheit, Freude und Liebe gesegnet seid und ein langes, glückliches Leben habt.

Und wenn ihr doch einmal mit Krankheiten zu kämpfen habt, wenn eure Freude getrübt ist oder ihr den Verlust von geliebten Menschen ertragen müsst, dann denkt daran: Das Leben ist nicht einfach, aber es ist das einzige, das ihr habt.

In hundert Jahren sind wir tot. Jemand anderes wohnt in dem Zuhause, das wir mit so viel Mühe aufgebaut haben. Jemand anderes besitzt, was uns gehörte. Unser Auto ist Schrott, unser Ehering steckt am Finger einer Person, die wir nie kennengelernt haben. Unsere Nachkommen wissen nicht, wer wir waren. Vielleicht hängt ein Bild von uns an einer Wand, aber unsere Geschichte, unsere Fotos und Videos versinken im digitalen Staub. Es ist niemand da, in dessen Erinnerung wir weiterleben könnten.

Damit rede ich nicht dem Nihilismus oder der Verzweiflung das Wort, sondern der Hoffnung und der Freiheit. Denken wir doch nur einmal an die Dinge, die uns die Woche über beschäftigt haben: 95 Prozent davon sind unwichtig.

Im Grunde gehört uns nichts. Wir leihen uns Zeit, Menschen, Erinnerungen und Freude, ähnlich wie Bücher aus einer Bibliothek. Manche Seiten sind mit Tränen befleckt, andere mit Kaffee, wieder andere gehen vielleicht verloren. Aber unsere Geschichte wird irgendwann enden, unser Buch wird wieder ins Regal einsortiert, und jemand anderes leiht es sich aus.

Aber wir können unsere Geschichte verwandeln. Wir können unser Leben verändern, wenn wir auf die Stimmen derer hören, die ein zweites Leben begonnen haben. Wir müssen nicht sterben, um diese Veränderung zu erleben. Wir können unser »Leben 1.0« jetzt und hier ins »Leben 2.0« verwandeln.

Das Leben wird einfacher, wenn man erkennt, dass es kein bisschen einfacher wird. Der Boden der Tatsachen ist zumindest fester Grund. Die Welt ist so schön und das Leben so kurz. Vergeuden wir unser Leben nicht an den Alltag und vergeuden wir unsere Trauerfeier nicht an den Tod.

»Ich dachte daran, dass wir oft sagen, wir möchten in den Himmel kommen, wenn wir sterben. In Wahrheit kommen wir in den Himmel, wenn wir geboren werden.«

Astronaut James Lovell

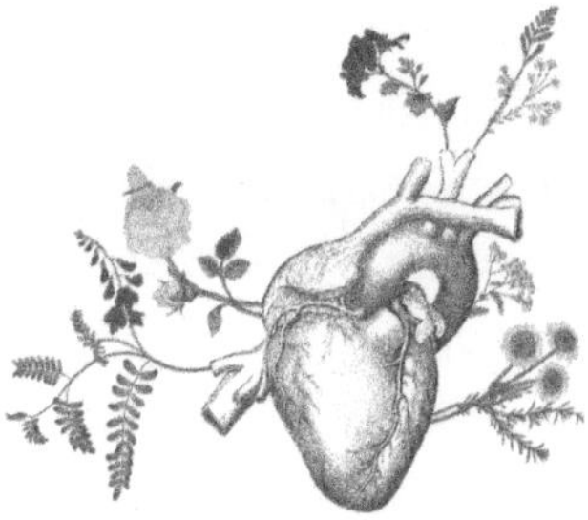

ZUM SCHLUSS

»Das Leben sollte keine Reise zum Grab sein, die mit dem Vorsatz angetreten wird, dort wohlbehalten, in einem hübschen, unverbrauchten Körper anzukommen. Im Gegenteil, man sollte vollkommen ausgelaugt und total am Ende mit quietschenden Reifen, in einer Rauchwolke ins Ziel schleudern, und rufen: Wow, was für ein Trip!«

Hunter S. Thompson

Unsere Trauerfeier war der ultimative Realitätscheck. Sie hat uns angeregt, nicht auf den einen besonderen Anlass zu warten, um der Menschen zu gedenken, die uns wichtig sind. Auf der Intensivstation ziehen sich die Stunden, die Jahre aber verfliegen. Das Gleiche gilt für das Leben. Allzu oft steht die Verwaltung des Daseins dem Leben im Weg. Was man sagen will, wird nicht gesagt, und was man sagt, wird nicht gehört. Was gehört wird, wird nicht verstanden, und was verstanden wird, wird nicht getan. Unsere Beerdigung zwang uns, nicht nur etwas zu »sein«, sondern etwas zu tun. Wie im Leben wusste keiner von uns, was wir von unserem Zusammentreffen erwarten sollten oder was wir dort eigentlich taten. Am Ende aber war es wie die Premiere unseres Lebensfilms und erinnerte uns daran, dass jede Szene wichtig ist und überraschende Wendungen dazugehören. Es war alles dabei: Tränen, Lachen und Liebe. Außerdem hatten wir das Glück, schon die Rezensionen lesen zu können, während wir noch Änderungen vornehmen und eventuelle Handlungslücken schließen konnten.

Als es Zeit für die Abreise war, als ich meine Zahnbürste eingepackt und den Whirlpool nach der gewaltigen Überbelegung behelfsmäßig repariert hatte, fragte ich mich dennoch: Würde sich wirklich etwas ändern?

Sechs Monate später sollte ich es herausfinden. Als die dichten Winternächte langen Sommerabenden wichen, machte ich mich erneut von Australien auf die Heimreise. Beim Warten im Flughafenterminal erhielt ich eine E-Mail, in der mich Tom um eine Empfehlung bat. Er wollte sich ehrenamtlich für sozial benachteiligte Kinder engagieren und ihnen motivierende Vorbilder geben, in denen das Versprechen einer besseren Zukunft lag. Außerdem erfuhr ich, dass James seine mit einem langen Arbeitsweg verbundene Stelle gekündigt hatte, nun in der Nähe seines Wohnortes arbeitete und weniger Geld hatte, dafür aber mehr Zeit geschenkt bekam. Unser lieber *amico* Corrado, Ehemann und Vater einer großen Familie, war gerade von einer Radtour im Ausland zurückgekehrt, mit der er sich endlich auch mal Zeit für sich genommen hatte. Dave, ein vielbeschäftigter Hausarzt, hatte sich mit großem Elan in die Organisation eines Dorffests gestürzt, mit Musik, gutem Essen und einer Spendenaktion für eine lokale Wohltätigkeitsorganisation. Jon hatte sein jahrelanges Sinnieren über eine Reise nach Japan abrupt beendet, kurzentschlossen Flüge gebucht und dort erlebnisreiche Wochen mit seiner Familie verbracht. Carlo hatte die lang gehegten Pläne für seinen Vorruhestand aufgegeben und wollte sich mit dem zurückgelegten Geld zusammen mit seiner Schwester ein Grundstück in Spanien kaufen. Über all diese Veränderungen im Leben unserer Freunde sprach ich mit Ben, und zwar während wir zum ersten Mal seit über fünfundzwanzig Jahren wieder Cricket spielten. Wir spielten furchtbar, aber das war uns egal. Leben sollte ein Verb sein, ein Tuwort, kein Nomen. Dabei ging es bei den Veränderungen, die unsere Trauerfeier angestoßen hatte, gar nicht immer um große, weitreichende Entscheidungen. Unsere Reise mahnte uns, eine andere Perspektive einzunehmen. Wenn es mal beschissen lief, half sie uns, Abstand zu gewinnen und unsere Gedanken neu zu sortieren. Sie vergrößerte die Lücke zwischen Reiz und Reaktion.

Aber was war mit mir? Ich hatte das vergangene Jahr damit verbracht, mit Überlebenden eines Herz-Kreislaufstillstands zu sprechen und mich bemüht, das Leben aus einem Blickwinkel zu betrachten, durch den das Alltägliche bedeutungsvoll wird. Ich hatte mit meiner Familie einen Umzug in eine andere Ecke der Welt gemacht, um ein besseres Leben und neuen Sinn zu finden. Aber meine Trauerfeier hatte auch mich verändert.

Dass es in Wales das halbe Jahr regnet, hat den Vorteil, dass das Gras hier tatsächlich grüner ist. Abwesenheit macht das Herz nicht nur sehnsuchtsvoller, sie erinnert uns überhaupt erst daran, wo unser Herz schlägt. Manchmal sehen wir einfach nicht, was uns direkt vor Augen liegt.

An einem kühlen Januarmorgen im Jahr 2007 stand ein Mann in einem Washingtoner U-Bahnhof, nahm seine Geige und spielte mitten in den Trubel hinein ein Stück von Bach. Nach fünf Minuten bemerkte ein Mann mittleren Alters die Musik, hielt kurz inne und ging dann weiter. Eine weitere Minute später lag der erste Dollar im Hut des Geigers – im Vorübergehen hineingeworfen von einer Dame, die nicht einmal zusah, wie der Schein landete. Nach weiteren sechs Minuten lehnte sich ein junger Mann für einen Moment an die Wand und lauschte. Zehn Minuten später blieb ein Kleinkind gebannt stehen, wurde dann aber von seiner Mutter weitergezogen.

Nach fünfundvierzig Minuten waren 2000 in ihre morgendliche Routine vertiefte Pendler an dem Musiker vorbeigehastet. Nur sechs Personen waren stehen geblieben und hatten seinem Spiel zugehört, rund zwanzig Personen hatten ohne ein Innehalten Geld in den Hut geworfen. In dem Hut befanden sich 32 Dollar.

Der Geiger war Joshua Bell, ein Musiker von Weltrang. Nur zwei Tage zuvor war er mit dem Bostoner Symphonieorchester aufgetreten und die Konzertgäste hatten jeweils 100 Dollar bezahlt, um eben die Stücke zu hören, die dort in der U-Bahn erklangen.

Erkennen wir Schönheit? Halten wir inne, um sie zu würdigen? Wenn wir uns nicht einmal einen Moment Zeit nehmen, um einem herausragenden Musiker zuzuhören, der uns bewegende Stücke auf seiner Stradivari vorspielt, was verpassen wir dann wohl sonst noch alles, während das Leben an uns vorbeirauscht?

Es war an einem sonnigen Tag, und ich saß an einem tiefblauen australischen Fluss, als mir klar wurde, dass wir für immer nach Hause zurückkehren würden. Und das nicht nur, weil beim Vater meiner Frau Demenz diagnostiziert worden war. Ich hatte einen Spaziergang durch den Ort gemacht, und an einem Büchertisch war mir *Der Alchimist* von Paulo Coelho in die Hände gefallen. Ich las es an diesem Nachmittag in einem Zug durch und hockte dabei so lange regungslos am Flussufer, bis mir die Beine kribbelten.

Der Roman beschreibt die Reise eines jungen andalusischen Hirten namens Santiago. Sein Hirtenleben wird ihm langweilig, und so beschließt er, seinen wiederkehrenden Traum zu verwirklichen und sich auf Schatzsuche in den ägyptischen Pyramiden zu begeben. Auf seiner Reise begegnet Santiago verschiedenen Personen, durch die ihm bewusst wird, dass der von ihm gesuchte Schatz nicht materieller Reichtum, sondern vielmehr spirituelle Erleuchtung und Selbsterkenntnis ist. Und so kommt es, dass Santiago den Schatz dort findet, wo er seine Suche begonnen hat, nämlich zu Hause in Spanien. Damit schließt sich der Kreis mit der Erkenntnis, dass wir oft fernen Träumen und Wünschen nachjagen und dabei den Reichtum außer Acht lassen, der uns zu Füßen liegt. Wahre Erfüllung und Glück finden wir oft dort, wo wir sie am wenigsten erwarten. Womöglich gar in uns selbst. Und das ist kein formelhaftes Klischee. Diese Erkenntnis hat reale Auswirkungen auf unser Leben, und das allein schon, wenn man die Straße vor seinem Haus entlanggeht. Es brauchte diese Reise durch das Leben und den Tod anderer, durch mein Leben und meinen imaginären Tod, um zu erkennen, was schon immer da gewesen war.

Warum aber entschlossen wir uns, erneut unsere Zelte abzubrechen? Eine weitere Abschiedsparty zu organisieren? Warum wollten wir einen Ort verlassen, an dem viele Dinge besser waren?

Wir sind nach Hause gekommen, weil ich durch das Schreiben dieses Buchs viel gelernt habe. Im Leben geht es nicht um

Dinge – es geht um Menschen und Zugehörigkeit. Wir haben unsere Familie, unsere Freunde, unsere Kollegen und unser Zuhause vermisst. Wir haben vermisst, was mein australischer Freund Cody sich so sehr wünschte: Sinn. Wir bedauern nicht, fortgegangen zu sein. Ich habe neue Fähigkeiten und Arbeitsweisen gelernt, in meinen neuen Kollegen Freunde gefunden, ich habe neue Orte bereist. Genauso bedauern wir nicht, dass wir nach Hause, zu unseren Eltern, unserem Hund und unseren Leuten zurückgekehrt sind und unser Zugehörigkeitsgefühl, unseren Sinn neu gefunden haben. Man kann es mit dem alten walisischen Wort *cynefin* beschreiben: Es ist der Ort, an dem man sich den Menschen und der Landschaft und allem, was man sieht und hört, verbunden fühlt. Ich habe noch einen etwas anderen Blick darauf: Auch wenn dieser Ort manchmal der letzte Scheiß ist, so ist es doch wenigstens mein Scheiß.

Selbst den Scheiß bedauern wir nicht. Und wenn wir es täten, so käme dieses Bedauern aus uns und nicht von außen. Auch wer positiv bleibt, muss nicht immer glücklich sein. Es geht vielmehr um die Gewissheit, dass auf trübe Tage bessere folgen. Manchmal muss man so eine Schneekugel eben ordentlich schütteln, damit der Schnee überall hinkommt. Man erkennt kaum noch etwas, und das macht den Reiz aus. Und dann legt sich der Schnee und man sieht wieder klar.

Der Sinn, der so vielen Menschen entgleitet, lässt sich aber nicht nur durch große Schritte wie einem Umzug ans andere Ende der Welt oder einem Jobwechsel wiederfinden. Oft sind es kleine, vorübergehende Dinge. Man kann zum Beispiel neben seinem Job ehrenamtlich tätig werden, wie mein Freund Tom. Oder man nimmt das Musikinstrument wieder in die Hand, das man seit zwanzig Jahren nicht mehr gespielt hat, wie Alex. Oft liegt der Sinn unbeachtet vor der eigenen Tür und ist klein, aber gerade groß genug, um unser Leben wieder zum Leben zu erwecken.

Als Sie geboren wurden, hatten Sie 300 Knochen. Jetzt haben Sie nur noch 206. Die vierundneunzig Knochen sind nicht verschwunden – sie sind miteinander verwachsen. Das Leben fühlt sich manchmal an wie ein Verlust, wie ein ständiger Wandel. Aber ein Verlust kann uns auch stärken und verbinden. Sinn findet man nicht nur im strahlend Neuen. Der nächste Ausgang befindet sich oft hinter einem, und damit ist die Rückkehr an einen Ort oder in eine bestimmte Lebensphase kein Rückschritt. Auch wenn wir das nur schwer erkennen. Wir können uns nicht selbst ins Gesicht schauen. Viele Lektionen aus diesem Buch sind uns nicht neu. Doch es kann ein Leben lang dauern, bis man den eigenen Rat befolgt. Das Leben will gelebt werden, jetzt und hier. Von einer »After-Life-Crisis« hat noch niemand gehört.

Mein erstes Buch, *Critical*, habe ich mit dem einfachen Ratschlag beendet: »Strengen wir uns an, stellen wir Fragen, seien wir freundlich.« Könnte ich es heute neu schreiben, würde es stattdessen lauten: »Seien wir freundlich, horchen wir auf die Antworten, strengen wir uns an, unser Leben zu leben.« Ich habe erkannt, dass das ganze Leben ein Notfall ist, wie auf der Intensivstation. Jede Sekunde zählt. Unzählige von Führungskräften bis hin zu spirituellen Gurus verfasste Bücher bieten Ratschläge für ein besseres Leben. Ihre Einsichten stammen aus der Perspektive der Lebenden. Von den Toten aber können wir viel mehr lernen. Vielleicht sollten wir alle einmal vor unserem Grab stehen, bevor wir sterben.

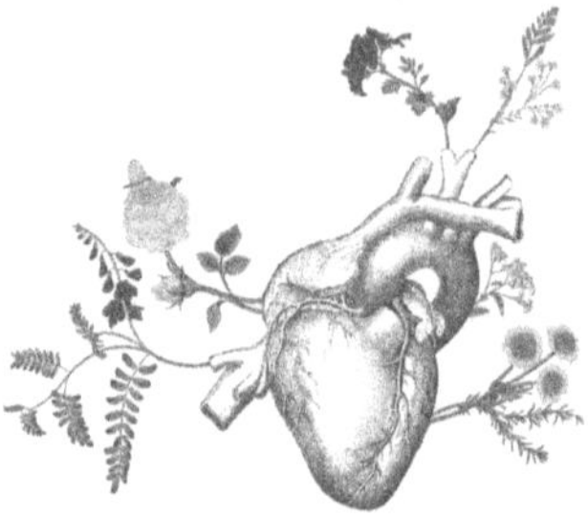

DANK

Ich danke Charlotte Seymour, meiner wunderbaren Literaturagentin bei Johnson and Alcock: Es ist nun gut fünf Jahre und drei Bücher her, dass sie einem unbekannten Autor eine Chance gegeben hat. Ich danke meiner fantastischen Lektorin Frances Jessop, die meine Ideen entwirrt und zu etwas viel Besserem verwoben hat. David Edwards war ein großartiger Korrektor – wenn dieses Buch Sinn ergibt, ist das ganz allein sein Verdienst. Mein Dank gilt dem gesamten Team bei Simon & Schuster.

Ich danke meinen Eltern für ihre unerschütterliche Unterstützung, ihre Ermutigung, das Rasenmähen und ihre »Was einmal gilt, gilt immer«-Maxime. Ich danke meiner Frau Alison und meinen beiden Töchtern Evie und Mimi, die mir den besten Grund geben, nach einem anstrengenden Arbeitstag nach Hause zu kommen.

Mein Dank geht an Jake für seine wunderbaren Fotos, und er gilt allen meinen Freunden, die sich bereit erklärt haben, zu ihrer eigenen Beerdigung zu kommen.

Meinen großartigen Kollegen im University Hospital of Wales, beim British Medical Journal, im Royal Perth Hospital, an der Curtin University in Perth und der Cardiff University danke ich für ihren Einsatz, ihre Unterstützung und ihren Beistand. Ich danke dem British Medical Journal für die Veröffentlichung meiner Kolumnen, die mich schon auf viele Ideen gebracht haben, und Dr. Peter Brindley, der mir seit Jahren ein äußerst wichtiger Begleiter beim Schreiben ist. Danke an das Softwareteam von Ulysses, dessen Programm für das Verfassen aller Texte in diesem Buch verwendet wurde. Danke an Rhian und das Team von 2Wish für ihre unverzichtbare Arbeit.

Ich danke dem Intensivmediziner und Transplantationsbeauftragten Dale Gardiner, der mich mit Jen in Kontakt gebracht hat. Vielen Dank an Jerry Nolan und den Resuscitation Council UK für ihre Hilfe beim Abschnitt über Herz-Lungen-Wiederbelebung. Mein Dank geht an den freien Redner Mark Rind in Frankreich für die Durchführung einer beeindruckenden Trauerfeier. Danke an Andrew Billen für seine langjährige Unterstützung und an Lyndy Cooke von Hand Held Events. Ich danke Paul Bloom und Kenneth Cukier, die ich auf dem wunderbaren HowTheLightGetsIn Festival kennengelernt habe, sowie David Cain, der mich auf die Idee gebracht hat, einen Brief an mich selbst zu schreiben. Danke an Professor Matt Wise, der mir über seine weltweit führenden Forschungsstudien Patienten mit Herzstillstand vorgestellt hat, und an Thomas Keeble für sein Engagement zur Unterstützung dieser Patienten. Vielen Dank an meine Cousine Dr. Claire Williams, die den Kontakt zu den Menschen hergestellt hat, die wir in der Vergangenheit gemeinsam betreut haben. Vielen Dank an Luigi Camporota, Antony Garvey, Crawford Deane, John Chatterjee, Alessandro Forti, Anders Santoft, Giacomo Strapazzon, Ed Litton und Robert Larbalestier.

Dieses Buch wurde in unzähligen Städten, Ländern und Zeitzonen geschrieben, angetrieben von einem nicht endenden

Strom aus Kaffee und Rosinenschnecken. Zwei Orte verdienen eine besondere Erwähnung – die Coco Belle Espresso Bar in Perth, die das beste Bananenbrot macht, und das Sully Inn mit seinem Guinness. Danke an Joni Mitchell, Cigarettes After Sex und Noah Kahan, deren Musik in Dauerschleife lief.

Vor allem aber danke ich allen in diesem Buch, die mir ihre Geschichten, ihre Worte und ihr Vertrauen geschenkt haben. Mein Dank gilt den Patienten, die überlebt haben und an die ich mich noch sehr lange erinnern werde, genauso wie den Patienten, die gestorben sind und an die ich mich immer erinnern werde.